U0851043

启动心的力量

THE POWER IS WITHIN YOU

露易丝·海⊙著　李俊仪⊙译

南方日报出版社

图书在版编目（CIP）数据

启动心的力量/(美)露易丝·海 著；李俊仪译. —广州：南方日报出版社，2007.10（2021.10重印）
ISBN 978-7-80652-674-3

Ⅰ.启… Ⅱ.①露…②李… Ⅲ.成功心理学——通俗读物
Ⅳ.B848.4-49

中国版本图书馆CIP数据核字(2007)第154952号

启动心的力量

著　　者：露易丝·海
译　　者：李俊仪
责任编辑：刘志一
E－mail：liuzhiyiliuzhiyi@sina.com
出版发行：南方日报出版社
地　　址：广州市广州大道中289号
电　　话：（020）87363865
经　　销：全国新华书店
印　　刷：佛山市浩文彩色印刷有限公司
开　　本：787mm×1092mm　1/16
印　　张：10.875
字　　数：220千字
版　　次：2007年11月第1版
印　　次：2021年10月第7次印刷
定　　价：25.00元

投稿热线：（020）87360640　读者热线：（020）87363865
如发现印装质量问题，影响阅读，请与承印厂联系调换。

目 录

前言

这本书中包含了许多内容，你不必马上全部领会，请先思考你所看到的内容。如果你有不同意见，请先别管它，只要把书中你认为好的内容用来调整自己的生活，我就会感到很满足了。

当你读这本书的时候，会注意到我使用了许多词，如：力量、智慧、无限的心灵、至高的力量、上帝、宇宙的力量、内心的智慧等等。不管你把蕴藏在自己身上和宇宙的力量叫做什么，都没有关系，如果某个词让你感到混乱，请用一个你认为合适的词来代替。以前我看书，总是画掉一些不熟悉的词，用自己喜欢的词来代替，你也可以采取和我一样的办法。

你可能会注意到，我把疾病Disease一词拼作dis-ease，表示你身上或身边出现了不和谐。艾滋病AIDS一词，我喜欢用小写字母来拼写，写作aids，来减轻其严重程度，疾病disease一词也一样。这个方法来源于斯蒂芬•彼得牧师，荷豪斯出版社的人一致同意这个办法，我们希望读者也能赞同。

这本书是《生命的重建》(*YOU CAN HEAL YOUR LIFE*——译者注)的延伸。随着时光的流逝，我产生了一些新的思想，我想和大家、和每一个写信给我的人分享这些思想。我希望大家能认识到，我们正在“身旁”寻找的力量就在我们身上，这很重要，我们可以用积极的方式使用这种力量，我希望，这本书能让你认识到，你有无穷的力量！

自序

我不认为自己是治疗师，因为我没有治疗过谁，我只是帮助人们寻找和认识自我，让人们通过爱自己而认识到自己的神奇，帮助人们学会生活，找到自己的力量、智慧和神奇。帮助他们清除各种障碍，在各种境况下都能爱自己，这并不意味着我们的生活就不会出现问题，而是使人们能够面对各种问题。

多年来，通过为病人作咨询、到全国各地和国外指导上百个研习班和培训项目，我发现，有一样东西可以解决所有问题，那就是：爱自己。当人们一天天地爱自己，生活就会很奇妙地变得好起来，变得有钱、找到自己需要的工作、有良好的人际关系，各种问题迎刃而解，只因为一句简单的话："爱你自己。"有人认为我喜欢把什么都简单化，我发现，通常简单就是深刻。

最近，有人对我说："你送给了我最好的礼物——找到了自我。"许多人喜欢隐藏自己，使得我们不知道自己是谁、有什么样的感觉、需要什么。生命就是寻找自我。对我来说，就是深入内心，学习自己是谁。通过爱和珍惜自己而改变一切，这不是自私，只有爱自己才能爱别人，只有当我们处于一种爱和喜悦的状态时，才能帮助这个世界。

对我来说，爱是指深深地赞赏、爱自己，是指赞赏自己、接纳自己的一切，自己的独特、曾经耻辱的经历、曾经的失误，还有所有好的品质，用无条件的爱接纳这一切。

不幸的是，许多人不知道爱自己，总为爱设定许多条件，比如等体重下降后、找到工作后、找到恋人后等。然而，我们可以改变，我们可以从现在开始爱自己。

这个世界整体上还很缺乏爱，每天有越来越多的人正在因艾滋病而死，这是一项挑战，这项挑战使我们有机会敞开自己的心灵，越过各种障碍、不同的道德标准，越过不同的宗教和政治，只要我们努力，就能更快地找到答案。

我们处于世界和个体的重大变化中，我相信，我们自己选择来到这里，成为这个变化世界中的一员，为了改变过去的生活方式，为了让生活更加幸福和充满爱。在双鱼宫时代，我们走出去寻求别人的帮助：“救救我，救救我，帮帮我。”现在，我们进入了宝瓶宫时代，正在深入内心，寻找自己的拯救者，我们就是自己正在寻找的力量，我们掌控着自己的生命。

如果今天你还不爱自己，明天也不会爱自己。因为你能为今天找到借口，同样也会为明天找到借口，也许20年甚至一生，都为自己找同样的借口。不要再犹豫了，请从现在开始爱自己！

我们要建设一个充满爱的世界，让人们能够展现自我、得到爱与接纳、没有评论和指责、没有偏见。这种爱可以从我们的家里开始，《圣经》上说“请爱你的邻居，就像爱你自己一样”，我们往往会忘了最后一句：就像爱你自己一样。如果我们不爱自己，就不会爱别人，爱自己是我们能送给自己最好的礼物。当我们爱自己，就不会伤害自己，也不会伤害别人。内心的宁静将没有战争、没有帮派、没有恐怖分子、没有无家可归、没有癌症和艾滋病、没有贫穷和饥饿。对我来说，世界要和平，首先我们要获得内心的宁静，我们要学会理解、同情和原谅，当然最重要的是：爱，我们有足够的力量可以改变这一切。

爱是可以选择的，就像我们可以选择愤怒、憎恨或伤心。我们有自由的思想，我们可以选择爱，请从现在开始选择爱，爱是最强有力的医治力量。

这本书是我5年来讲学内容中的一部分，希望能帮助你认识自我，找到自我，让你认识到自己与生俱来的潜力。如果你懂得了爱自己，就将成为这个爱的宇宙中的一员。爱来自我们的内心，来自我们自己，请用你的爱医治这个世界吧！

露易丝·海

1991年元月

THE POWER IS WITHIN YOU

第一部分　认识自我

当我们扩展自己的思想和信念

爱将自由流淌

如果隐藏

那将是自我封闭

如果你能感受到自己身上越多的力量
就能拥有越自由的生命

第一章　心中的力量

你是谁？为什么会来到这个世界上？你对生命有何看法？几千年来的答案是：进入你的内心深处去寻找，这意味着什么？

我相信，我们每个人的身上都有一种力量，这种力量可以帮助我们拥有健康的身体、美好的友谊、美妙的职业，给我们带来各种各样的成功。首先，我们要相信这种力量的存在，然后消除一些不必要的障碍和生活方式，深入内心去感受这种力量。因为它知道，什么对我们是最好的，如果我们愿意把生命交给至高的爱和支持我们的力量，就将拥有成功并充满爱的生命！

我相信，我们的心灵和一个无限的心灵联系在一起，因此，我们总能学会各种知识和智慧。我们通过内心的力量和亮光，也就是更高的自我和这个无限的心灵，就是创造我们的宇宙的力量联系在一起，这种力量爱它所创造的一切，是美好的力量，它指引着我们生活中的一切，它不会憎恨、不会欺骗、不会惩罚，是纯洁的爱的力量，是自由、理解和同情。把生命交给更高的自我是非常重要的，因为更高的自我能让我们得到各种美好的事物。

我们有自由的思想可以支撑这种力量。如果我们选择沉迷于过去，只记得过去可怕的经历，那只会沉迷其中。如果我们理智地思考，并决心为自己建设新的生命，就会得到这种力量的帮助，各种美好的事物将会出现。我不相信有两种力量存在。我认为，无限的灵魂只有一个。人们会说“那是魔鬼，不是我们”，实际上就是我们，我们可以睿智地使用这种力量，也可以错误地使用它。我们心里真的有魔鬼存在吗？还是我们喜欢指责别人的不同之处？我们要如何选择呢？

重塑自我

我相信，我们的思维模式和情感模式影响着生活中所发生的一切。思想产生了感觉，不同的思想和感觉将导致不同的生活。这不是指责自己生活中所出现的失误，“负责”和“指责”一直存在着差别。

我说的“负责”是指承认我们的力量，“指责”是对这种力量的漠视。对生命的责任感促使我们改变生命，如果我们甘心认命，那就是白费这种力量。如果我们对生命有责任感，就不会把时间浪费在指责别人身上。有的人一旦生病、遭遇贫穷或遇到问题就会产生犯错的感觉（有些媒体称之为新时代的犯错感），而不是产生对生命的责任感。他们之所以有犯错感，是因为觉得自己失误了，他们用犯错的感觉来对待一切，这种态度又导致了他们的失误，这不是我所要讲的。

如果我们把疾病和问题当作改变的机会，说明我们还有力量。许多经历过大病的人会说，生病是一次很棒的经历，因为这可以让他们用不同的方式生活。而有的人会说：“我是个受害者，我真倒霉，医生，请帮帮我吧！”我想，对这些人来说，就算境况已经开始好转，他们还是会感觉很糟糕。

“责任感”是指我们面对某种境况的能力，我们每个人都有自由的选择，这不是拒绝自我和拒绝生活中出现的问题，而是指我们有能力认识自我，出于对生命的负责，我们有力量来改变生命，我们可能会问：“那应该怎么办呢？”我们要明白，每个人的身上一直都有力量存在，如何使用这种力量取决于我们自己。

现在，许多人已经认识到了，我们来自问题家庭，对自我、对人际关系充满了消极的感觉。我的童年充满了暴力和性虐待，缺乏爱和赞赏，没有一点自尊。就算15岁离家出走以后，我还在经历着各种形式的虐待，我没有意识到，我早年在生活中学会的思维模式和情感模式导致了这些虐待。

小孩总会受身边成人的影响，我在恐惧和虐待中成长，长大后，还在继续制造这些经历。我不知道，我有力量可以改变这一切，我一直处在这种很糟糕的状态中，缺乏爱和赞赏，这种状态让我觉得，自己一定是个坏人。

到现在为止，你所有的经历都来自过去的思想和信念。回顾过去，请不要觉得羞耻，请把它看作你丰富生命中的一部分，如果没有这些丰富的经历，就不会有今天的自己。你没有理由指责自己为什么不做得更好，因为你已经不能回到过去，你已经做得最好了，请用爱释放过去，感激它使你学会了很多东西。

过去的事已经成为记忆，怎样看待它取决于你自己。我们拥有的是现在，现在我们有感觉，现在我们在继续生活，今天我们所做的一切决定着明天。我们不能在明天做什么，也不能在昨天做什么，我们拥有的是今天，重要的是我们现在选择什么样的思想和信念，选择说什么样的话。

当我们有意识地控制自己的思想和语言，就是找到了塑造生命的工具，我知道，这听起来似乎很简单，请记住：我们的力量就在此刻。你的心灵没有控制你，而是你控制着自己的心灵，更高的自我控制着你，明白这点很重要。你可以停止旧的思想，如果旧的思想又回来对你说“改变真难”，试图要从精神上控制你，请对自己说：“我现在选择相信，对我来说，改变很容易。”请不断自我暗示这句话，让旧的思想知道你是主宰，你真的像自己所说的那样。

请把你的思想想象成水滴，一个思想或一滴水显得很少。当你一遍又一遍地自我暗示某种思想时，你会发现，一开始，就像水滴把地毯弄湿了，后来变成一盆水、一个池塘，然后不断增多，变成一个湖，最后变成了汪洋大海，这是个什么样的大海呢？是不能游泳的臭水，还是清澈蔚蓝、让人看了就想跳下去畅游的大海？

许多人总对我说“我不能停止思想”，我回答“可以，你能做到”，记得吗？你经常拒绝积极的思想，你只要告诉自己，你要停止消极的思想，我不是说让你和自己的思想作斗争，当消极的思想出现时，你只要对它说“感谢你的参与”，这不是拒绝，而是不把力量浪费在消极的思想上，告诉自己，你不再用消极的态度去思想，你要为自己建设新思想，不要和自己的思想作斗争，请认识并超越它们，不要沉迷于消极思想中，最终，你将会超越生命。你是美妙生活的体现，生活正等待你去挖掘它的美好和价值，宇宙间的各种智慧都是你的，请用这些智慧来帮助自己，请相信，你身上有一种力量，随时为你提供帮助。

如果你觉得害怕，请将注意力集中在呼吸上，呼吸是你生命中最有价值的事，你自由地拥有呼吸，你的一生都充满了呼吸。也许你会毫不犹豫地承认呼吸很有价值，却怀疑生活能否为你提供必需的一切，现在是时候了，请认识自己的力量和聪明才智，请深入自己的内心，寻找你是谁。

每个人都有不同的观点，你有权利拥有你的观点，我也有权利拥有我的观点，不论这个世界上发生什么，你都拥有这个权利。请接受你内心智慧的指引，它将指引你找到答案，当朋友和家人告诉你应该怎样时，请听自己的，虽然这并不容易，然而，所有的答案就在你心里。

每次当你说“我不知道”时，就意味着你在拒绝内心的智慧，你从更高的自我得到的信息应该是积极的、对你有帮助的，如果你得到的信息是消极的，那说明这些信息出自人类的自我，或出自你的想象，虽然我们常常可以从想象和睡梦中获得积极的信息。

请帮助自己作出正确的决定，当你产生怀疑时，问自己：“这样的决定对我合适吗？对我有好处吗？”可能一天后、一个星期后、一个月后，你会作出另一个决定，不过，请随时问自己这些问题。

当学会了爱自己，并相信至高的力量，我们将变成用无限灵魂去建设爱的世界中的一员。我们对自己的爱使自己从受害者变成胜利者，我们对自己的爱将我们吸引到各种美好的经历。你注意到了吗？自我感觉良好的人往往很有吸引力，他们很优秀、能够享受生活，很轻易就能得到各种美好的事物。

我花了很长时间才认识到，我和上帝的力量是一体的，这种理解和智慧指引着我处理一切人际关系，就像星星和其他星球处于自己完美的轨迹一样，我也处于自己合适的、完美的轨迹。也许，我不能用有限的头脑理解每件事，但我知道，在这浩瀚的宇宙中，我处于恰当的地方，恰当的时间，做合适的事情，现在的经历将使我得到新的机会，学会新的知识。

你是谁

你来到这个世界上想学习什么

你来到这个世界上想做什么

我们每个人都有自己独特的目标

我们能超越自我、恐惧、疾病和各种问题

这个世界上的每个生命都有联系

我们是灵、光、能量、活力和爱

我们每个人都有力量追求自己的目标

思想是塑造生命的工具

第二章　倾听心灵的呼唤

还记得，当我第一次知道，只要改变思想，就能改变命运时，对我来说，那真是个革命性的变化。

那时，我住在纽约，我发现了一座宗教科学教堂（人们经常在宗教科学或心灵科学与基督教科学之间感到混乱，宗教科学的创始人是耳尼斯特·厚牧，基督教科学的创始人是玛丽·柏可，这两种科学都属于一种新思想，却属于两种不同的哲学）。

在宗教科学教堂里，心灵科学的传播者们第一个告诉我“思想决定未来”。虽然我不明白他们的意思，但这种理论触动了我的心声，这种心声是一种直觉，也是我内心的呼唤。多年来，我学会了听从内心的声音，因为每当内心的声音告诉我“就是它”，即使比较怪异，我也知道那必定适合我。

这些理论烙印在我的脑海里，有一种声音告诉我说：“对，就是它们。”然后，我开始学习改变思想，我一旦接受了一种思想，就会认真学习它。我读了许许多多的书，就像你的家一样，堆满了关于灵魂和寻找自我的书，多年来我还去课堂上课，学习这方面的知识。我全身心地投入新的思想哲学学习中，这是我生命中第一次认真学习，之前我什么都不信。我的母亲是个不虔诚的天主教徒，继父是个不信神的人，那时我的思想也很奇怪，我觉得，基督徒不论是穿兽皮还是被狮子吃掉，都吸引不了我的视线。

我真正投入到心灵科学学习中，因为它能为我打开新的思路。真是棒极了，一开始我觉得很容易，并掌握了各种新的理论，开始用另一种新的方式去思考和说话。那段时期，我一直处于抱怨和深深自怜的状态，我只知道沉迷其中，并没有意识到，我还在制造使自己感到自怜的经历，也不知道还有更好的东西，直到后来，我的抱怨才逐渐减少。

我开始聆听自己说的话，我觉得我在评论自己，然后尽力停止。我开始自我暗示一些连自己都不太明白的句子，先从简单的做起，随后生活就一点点发生了变化。我觉得一切顺利，一路绿灯。我想，全明白了，我开始感到骄傲，并死板地把自己的信仰当作依靠，我想，我找到了所有的答案，这个新的领域让我感到了安全。

要摆脱一直禁锢我们的旧思想，一开始会让我们很害怕，因此，我努力寻找让自己感觉良好和安全的东西，这只是开始，要走的路还很长。就像大部分人一样，我所走的路并不平坦和顺利，因为自我暗示并不是一直奏效，我也不知道为什么，我问自己："我做错什么了吗？"瞬间，又开始指责自己，这又是一个我不够好的例证吗？那是我的旧思想。

那时，依瑞可·佩斯老师看着我，说到怨恨的思想，我不信他说的话，怨恨？我怎么一点也不觉得。毕竟，我在走自己的路，我的精神世界是那么完美，那时，我对自己的认识是多么少啊！

我尽力做好每件事，尽可能多地学习有关玄学、灵魂和认识自我的知识，尽力掌握这些知识，有时还运用到自己身上。我们经常学习很多东西，并掌握许多知识，却不知道把这些知识用于实践。时间过得很快，我花了3年时间研究心灵科学，并成了教堂的老师，我开始教哲学，令人疑惑的是，为什么我的学生看上去思想还是那么混乱并陷入各种问题中不能自拔，我给过他们各种好的建议，为什么他们不拿去运用并使自己好起来。我不知道，自己只知道讲道理，而我却没有用这些理论来调整生活。就像父母总是告诉孩子应该怎样，自己做的却是另外一套。

有一天，我被诊断出得了阴道癌，开始我很害怕，随后开始怀疑所学的东西是否有用，这是一种正常的、自然的反应，我对自己说："如果我清醒、坚定，就不会制造出这种疾病。"事后我想，还好知道自己得了癌症，总比什么都不知道就死掉好。

我认识到不应该再隐藏自己，我知道，癌症是由于长时间的怨恨吞噬身体所导致的。如果我们压抑自己的情绪，它会传播到身体的某个部位，如果我们一生都在装载消极情绪，那么这些消极情绪自然会在身体的某个部位表现出来。

我开始意识到自己心里的怨恨（我的老师多次提到的）来自童年时代生理、心理和性方面所经历的遭遇，我恨过去，我不想原谅。我没有改变自己，也没有清除心里的怨恨，我离家出走，因为这是让我忘记过去的唯一办法，我想我已经抛开了这些痛苦，实际上我只是埋藏了这些痛苦。

当我找到了自己的精神之路，我用美丽的精神外衣掩盖了自己的感觉，并隐藏了许多不良情绪，我把自己封闭起来，感受不到自己的感觉，我不知道自己是谁，在哪里。当得知自己得了绝症后，我开始学习认识自我，感谢上帝，我找到了方法，我知道，要永久地改变自己，就要进入心灵的深处去寻找自我，医生可以帮我做手术，可以帮我暂时控制住病情，如果不改变思想和说话的方式，我可能又会重新制造疾病。

我认识到，癌症或恶性肿瘤存在于身体的某个部位是有缘由的，左边或右边，右边是因为男性引起的，左边是女性引起的，我的一生中只要身体有什么异常，总会发生在身体的右边，因为我心里一直存在对继父的怨恨。我不满足于所取得的进步，我知道应该走得更远。我发现自己并没有真正地进步，因为没有真正丢弃童年的痛苦经历，我的生活也和我所宣讲的东西不符，我必须把童年的我释放出来进行调整。童年的我极需帮助，因为她还处于深深的痛苦之中。

很快，我开始认真地治疗自己，把大部分注意力集中在自己身上，我开始感觉好起来，虽然有些东西看上去有点奇怪，无论如何我也在继续努力，毕竟，我的生活走入了正轨。接下来的6个月，我进入了几乎24小时的治疗，我阅读各种治疗癌症的资料，因为我相信肯定能治好，我参加食物排毒的课程，将沉积在体内的垃圾食品的毒素排出，我曾经吃过多年的垃圾食品。几个月来我只吃嫩芽和芦笋汤，还有其他一些东西，而我印象最深的就是这两样。

我和依瑞可·佩斯（心灵科学老师）一起努力，清除旧的思维模式，让癌症不再复发，我自我暗示、想象和进行心理治疗，我每天对着镜子和自己说话，最难说的就是“我爱你，我真的爱你”，说完就忍不住哭起来，要深呼吸多次才能继续，每练习一次，就好像又向前了一大步。我找过一位很棒的心理咨询师，这位咨询师很擅长帮助人们发泄和释放愤怒，我花了很长时间打枕头和大声叫喊，真奇妙，我感觉好起来，因为我从来没有这样发泄过，也没有被允许这样发泄过。

我不知道是什么方法奏效了，也许多种方法都起了作用，最重要的是我坚持练习，除了睡觉外的时间我都在练习，睡觉之前我感谢自己当天所做的事，我自我暗示，睡眠中我的身体将会得到治疗和恢复，我第二天醒来会精神愉悦、感觉很棒。早晨醒来时，我再次感谢自己和身体在睡着时的运行，我自我暗示：我希望成长、学习和变化，我不再把自己看作坏人。

我还学习理解和原谅，一个方法是尽可能多地去了解父母的童年，我开始了解他们童年时的遭遇，并且认识到，正是这些遭遇导致了他们的行为。我的继父在家受到了虐待，所以他也虐待他的儿女。我母亲从小所受的教育是：男人总是对的，女人应该靠边站，任由男人做他们想做的事。这就是我父母所受的教育，慢慢地，对母亲和继父的理解让我进入下一个阶段：原谅。

我能原谅父母多少就能原谅自己多少，原谅自己非常重要，我们很多人在伤害童真的自我，就像父母伤害我们一样。我们在继续这些伤害，这太可悲了，童年时代有人伤害我们，是没办法的事，当我们长大后还在伤害童真的自我，就意味着毁灭了。

当我原谅了自己，我就开始相信自己，我发现，当我们不相信自己时，就不会相信生活和身边的人，不相信有一个更高的自我会在所有境况下照料我们，因此我们会说“我不会再爱任何人了，因为我不希望自己痛苦”或“我绝不允许这样的事情再发生”，这等于告诉自己：“我不相信你能照顾我，所以我要远离一切。”

我终于开始相信，我能够照料自己，我发现，当我相信自己时，我就能更容易地爱自己，我的身体得到了恢复，心灵也得到了恢复。

我的心灵出乎意料地成长起来。

我得到的奖励是：看上去年轻起来，我所吸引到身边的病人都是愿意真正改变自己的人，我没有多讲任何道理，他们也能取得很多进步，他们能够感受到，我的生活和我所宣讲的思想是一致的，他们很容易接受我的思想，生活质量得到了提高。这让我认识到，如果我们获得了内心的安宁，生活将会变得越来越幸福。

这些经历教会了我什么呢？我意识到，如果愿意改变思想并释放过去，我有力量改变生命。这些经历让我认识到，只要我们有决心改变，就能使身体、心灵和生命发生难以置信的变化。

不论你处于生命的哪个阶段，不论你要做什么，不论发生什么事，以你现有的知识和理解，你已经做到最好了。当你的知识增多，你的行为方式就会变得不一样，就像我一样，请不要指责自己为什么不做得更快、更好，请和自己说：“我已经做得最好了，就算现在我处于困境，我也能走出困境，让我们找到最好的解决办法吧！”如果你总是指责自己愚蠢、不够好，那只会沉迷其中，如果你希望改变，请用爱帮助自己！

实际上，许多思想并不是我自己的，而是来自我所教的心灵科学，这些思想由来已久，如果你读过有关心灵的书籍，你会发现殊途同归，都是一样。我是宗教科学教堂的牧师，我没有教堂，但我有自由的灵魂，我用简单易懂的语言让许多人理解我所教的东西，这些知识能让人们真正认识生命，了解怎样用思想来掌控自己的命运。如果20年前或更早以前，我就开始学习这些东西，真不知道今天能帮助多少人。

请每天用已经得到的语气

告诉自己，你需要些什么

第三章　语言的力量

心灵运行的规则

一般来说，我不太了解地球引力、许多自然规律，如物理、电力运行的规则，也不了解灵魂方面有关因果关系的运行，如：你所做的事将会回报到自己身上。我不知道心灵是怎样运行的，就像我不知道电力怎样运行一样，我只知道打开开关，就会有亮光。

我相信，我们的每一个思想、每一句话、每一个字都会通过心灵运行的规则反映到生活经历上。

现在，我们开始学习心灵和身体之间的关系，我们开始明白心灵是怎样运行的，思想是如何出现的，思想一出现就会很快到达心灵，而心灵很难把思想很快具体化，相反我们的嘴相对要慢一点。如果我们先整理一下自己想说的话，不要让消极的话从嘴里说出来，随后就能让思想具体化。

我们说出来的话对生活有很大的影响，大部分人都没意识到这点。我们说出来的话是建设生命的基础，我们一直在说话，很少思考我们说话的方式或说了些什么，我们很不注意自己所说的话，实际上我们大部分人都喜欢说消极的话。

小时候，老师教我们如何选择符合语法规则的词，而语法在不断变化，不合适某个时期的语法也许适合另一个时期，过去是俚语的现在也不是了，而语法和词义没有直接联系，对我们的生活也没有影响。

在学校也没有人教我，人说出来的话对生活有直接影响，没有人告诉我，思想能塑造生命，也没有人告诉我，我所说的话将变成生活经历回到自己身上。这些宝贵的规律让我们看到生活的基本原则：“对待别人要像对待自己一样。”你所做的事将会回报到自己身上，这并不是想让你有犯错感。从来没有人告诉过我，我是个有价值的人，我应该得到美好的东西，也没有人告诉我，生活会眷顾我。

我记得小时候，我们用难听的绰号称呼别人，彼此贬低，我们为什么会这样？跟谁学的呢？想想我们所受的教育吧，许多父母总是一遍又一遍骂孩子愚蠢、懒惰、淘气、讨厌、不够好等，甚至说“真不应该生下你”这样的话。当我们听到这样的话时，表面上装作顺从听话的样子，却不知道，这些话对我们造成了多大的伤害，带来多大的痛苦。

改变和自己说话的方式

我们最初接受的信息往往是从父母处得来的，我们经常听到父母吩咐“吃菠菜、打扫房间或整理床铺”等，你会认为，只有做了这些事才能得到爱和接纳，实际上这只是别人的价值观，这和自我价值没有关系。你认为，你要取悦别人才能在这个世界上生存，否则就不允许你生存下去。

童年时代从父母处所受的影响，决定了我们和自己说话的方式，我们对自己说的话非常重要，是我们讲话的基础，这些话能带来相应的精神气氛，并吸引我们进入相应的生活经历。如果我们贬低自己，生活就会变得没有意义，如果我们爱自己并为自己感到骄傲，生命将会变得幸福和精彩。

如果我们生活得不幸福、不美满，就会很轻易地怪罪父母和别人，认为这都是他们的错，然后就陷入各种问题和内心的混乱不能自拔。指责不会给我们带来自由，请记住，我们说出来的话里面蕴藏着力量，这种力量来自对生命的责任感。这听起来似乎很可怕，但这是事实，不论我们承认与否，我们要先对自己的嘴负责，才能对生命负责，因为我们说出来的话反映了我们的思想。请聆听自己说的话，如果你听见不好听的、有局限性的话，就请换一种说话方式吧！如果我听见什么坏消息，我不会说给别人听，我想，到我这里就已经够了，我会释放它们，如果有什么好消息，我会让每个人都知道。

当你和别人谈话时，注意听他们说的话和说话的方式，看看这些话能否和他的生活经历联系在一起。许多人的生活充满了“应该”这个词，我的耳朵对这个词已经很熟悉了，每次当我听到“应该”这个词时，就像听到了钟声在我耳旁炸响。我经常听到人们在一段话里出现很多“应该”。喜欢说“应该”的人总是觉得，自己的生活怎么那么呆板，为什么自己不能摆脱某种困境，他们希望控制一切不能控制的事，他们总是让自己和别人的生活出现很多失误，然后困惑于生命中为什么没有自由。

我们可以把“必须”这个词从思想里清除，如果能做到，就会给自己减轻很大的压力，我们经常说“我必须……我必须……”，而给自己带来很大的压力。请把这句话换成“我选择去工作，因为到付房租的时间了”。这样说话会使你看待生命的角度发生变化，让每件事都来自我们的选择，虽然有时并不是那样。

许多人还喜欢用“但是”这个词，我们说完一句总要加上“但是”，这样说会给我们带来两种不同的选择，给自己造成混乱，下次再说“但是”时请注意了。

另外还有一个要小心使用的词是“别忘记”，我们习惯说“别忘记这、别忘记那”，然后呢？我们最终还是忘了，我们需要记住的事，最终还是忘记了，请用“请记住”代替“别忘记”吧！

早晨起床后，你会咒骂不得不去上班吗？你会抱怨天气吗？你会喊着腰疼头疼吗？然后你会想什么，说什么？你会大叫孩子起床吗？许多人每天早晨说的话都一样，你所说的话怎么帮你开始新的一天呢？这些话是积极愉快的吗？还是每天早上都是抱怨和指责，如果这样，你每天都将处在同一种状态中，没有任何改变。

临睡之前你在想什么，你的思想充满了力量还是充满了忧虑，不光是对钱的忧虑，还有对生活中各种问题的忧虑。你忧虑明天吗？我临睡之前都会阅读一些好的东西，我知道，我能在睡梦中清除一些不好的东西，为了更好地迎接明天。

我发现，我能在睡梦中找到各种问题的答案。我知道，梦能帮我解决生活中很多问题。我是唯一能控制自己思想的人，就像你一样，也是唯一能控制自己思想的人，没有人能强迫我们思想，我们选择了自己的思想，这些思想是我们和自己说话的基础。我通过自己的生活经历明白了这些规律，于是我用教别人的理论来开始我的生活，我小心自己的言行和思想，原谅自己的不完美并接纳自己，而不是努力得到别人的接纳。

当我开始用一种友善的态度对待生活，并对生活充满信心时，我的路开始明亮起来，我的幽默不再那么尖刻，我停止了指责自己和别人，停止传播各种坏消息，人们总是喜欢把坏消息很快传播开来。我停止看报和收看晚上11时的新闻，因为那个时段的新闻都是坏消息，很少有好消息，我知道，大部分人不喜欢听好消息，他们只喜欢听坏消息，以便有题材可以抱怨，大家相互传讲，直到人人都相信，这个世界上充满了阴暗。曾经有一家广播电台因为只播好消息，最后倒闭了。

当我得癌症后，我决心停止抱怨，之后和别人讲话时就不知道讲什么了。以前遇到朋友，我立即把不好的消息讲给他们听，就像倒垃圾一样，后来我才知道，还可以讲其他很多东西，虽然这不是个容易改变的习惯。如果我们在背后议论别人，别人也可能会议论我们，因为我们所做的事会回报到自己身上。

和病人交谈的时候，我会注意听他们说的话，大约10分钟，从他们说话时使用的词，我就能知道，他们为什么会遇到问题，我通过说话的方式了解我的病人，我知道，他们所说的话导致了他们的问题，想想看，当一个人和别人说话时只说不好的事，那他会和自己说些什么呢？肯定是些消极的思想，我把它叫做贫乏思想。

我想建议你做一个小练习，找一个录音机来放在电话机旁，每次打电话时录下你所说的话，磁带录满后听听你讲了些什么和你讲话的方式。听到这些你可能会很惊讶，你听到了自己的用词和音调的变化，然后开始了解自己，记下你重复说过三四遍的话，因为这些话反映了你的思维方式，也许，有的是积极的思维方式，而你重复多次的，是消极的思维方式。

潜意识的力量

为了加深理解，我想讲讲潜意识的力量。潜意识没有任何的判断力，它会接受一切我们所说的话，并作出和我们的思想相一致的回应，它只会说“是”，潜意识很爱我们，我们说什么它都会作出回应，而我们有自由的选择，如果我们选择狭隘的思想和信念，潜意识就会认定我们需要那样，然后使我们遭遇和这些思想一致的事，直到我们愿意改变自己的思想、信念和所说的话。我们可以选择自己的思想，不用沉迷在狭隘的思想中，我们可以选择成千上万个思想。

潜意识不知道真与假、错与对。我们不要和自己唱反调，不要对自己说“哦，又来了，真是个笨蛋”等，因为潜意识会记下你说的话，随后你又会那样觉得，如果你老这样说，就会变成潜意识里的一种固定思想。

潜意识没有幽默感，明白这点是非常重要的，你不可以和自己开玩笑，然后认为这无关紧要。如果你老是贬低自己，就算你尽量让自己觉得有趣，潜意识会认为你需要那样。我不允许参加研习班的人乱开玩笑，彼此贬低，大家可以不拘小节，但不能贬低民族或性别等等。

因此，不要开玩笑贬低自己，这样不会给你带来好的经历。也不要看不起别人，潜意识不能分辨自己和别人，当你说别人的时候，潜意识会以为你在说自己，下次你要评论谁时，请问问自己，为什么对自己有这样的感觉，你在别人身上看到的东西，也就是在自己身上看到的。不要批评、指责别人，而是赞美、歌颂他，一个月后，他就会在自己身上看到很大的变化。

我们说的话反映了自己的思想和思维方式，请注意，当一个人孤独、贫穷、身患疾病时，他会说些什么？会怎样看待自己？怎样看待工作、生活和人际关系？他想追求什么？请试着从他谈话中使用的词去了解他。请不要对不认识的人说，他们正在用自己所说的话毁损自己，也不要对家人和朋友这样说，因为这会使别人不高兴。如果你希望改变，请从自己身上做起，从最小的事开始，如果你改变了说话的方式，你的生活将随之改变。

如果你生病了，认为自己快死了，生活一无所有，前途一片暗淡，那该怎么办呢？

你可以清除负面的思想，自我暗示，你是一个可爱、有价值的人，你应该得到恢复，你可以吸引到恢复自己所需要的一切。请记住，你愿意使自己好起来，因为这是安全的。

很多人只有生病时才觉得安全，他们很难说“不”，他们只会说“因为我生病了，所以做不了”来代替说“不”，那真是个完美的借口。我有一个女病人，她曾做过3次癌症手术，她从不和谁说“不”，她父亲是医生，她是父亲的乖乖女，不论父亲要她做什么，她都一一照办，对她来说，说“不”似乎是不可能的事。无论你要求她做什么，她总会说“可以”，她花了4天的时间才能大声说出“不”，我让她攥紧拳头大声说“不，不，不”，随后她就喜欢上了“不”这个词。

我发现，许多得乳腺癌的妇女不会说“不”，她们关心每一个人，除了自己。我想告诉这些人，她们要学会说“不，我不要这样做”，连续两三个月对每件事都说“不”，这是改变的开始，她们要照顾好自己，并说“这是我要做的事，不是你要让我做的”。

当我和病人在一起时，我总听见他们抱怨自己的局限，他们总想让我明白，自己陷入这种处境是由于某种原因。如果我们相信自己陷入了某种处境，那我们就会真的那样。我们“陷入”，因为我们充满了消极的思想，与其那样，还不如回过头来想想自己坚强的一面吧！

许多人说，我的磁带拯救了他们的生活，我想说，没有任何书籍或磁带能救得了你，一个小小的塑料盒拯救不了你的生活，而是你从中学到的知识能帮助你，我能教给你很多思想，只有运用这些思想才能对你有帮助。我建议你花一个月或更长的时间重复听磁带，目的是要让其中的思想成为一种新的模式，我拯救不了你，只有你自己才能改变自己的生活。

改变自己的思维方式

请从现在开始，无论你的起步有多小，只要认真学习，奇迹将会出现！

我们已经知道，思想和语言对生活有很大的影响。改变，就要让自己的思想和言语变得积极，自我暗示好的东西，你愿意把所说的话变成积极的暗示吗？请记住，当你产生一个思想或说一句话时，实际就是在自我暗示。

自我暗示是个开端，是通向改变之路，自我暗示就是和潜意识说话：“我对自己负责，我知道，我能够改变。”自我暗示，指的是用积极的方法有意识、有选择地和自己说话，在生活中清除或重建一些东西。如果你说“我不要再生病了”，潜意识将听到“生病”这个词，请清楚地表达，你需要什么，你可以说：“我现在感觉好极了，我的身体很健康。”

潜意识很直接，它不会计划或有任何计谋，它听到什么就会认定什么。如果你说“我讨厌这辆车”，那你将不会得到漂亮的车，因为潜意识不知道你需要什么，就算你得到了新车，可能不久又会讨厌这辆车了，因为潜意识只听到“讨厌这辆车”，你需要用积极的方式表达，比如说：“我有一辆漂亮的、我想要的新车。”

如果有什么不满意的事，我发现一个最快的解决办法，就是用爱祝福它：“我用爱祝福你，我释放你。”这个办法可运用到一切人，一切环境，一切事情和生命中的各个阶段。如果你想改掉某种习惯、想获得自由时，可以试试这个方法。有一位男士对他每抽的一支烟说“我向你献上爱，我从生活中释放你”，没几天他对香烟的需要减少了，没几个星期，他就戒掉了烟。

你配得到美好的事物

停下来想想，现在你需要什么，你今天的生活需要什么，想想看，然后说“我想得到……”（无论你想得到什么），我发现，这能使我们牢牢掌握住这些事。

问题的关键在于我们相信自己不配得到，我们的力量取决于我们是否相信自己配得到，实际上不配得到的感觉来自童年时的遭遇和所受的教育，而这并不意味着我们不能改变。经常有人和我说“露易丝，自我暗示一点用都没有”，实际上这与自我暗示无关，而是我们相信，自己不配得到美好的事物。

让自己相信配得到的一个方法是，自我暗示后，观察自己的思想，然后写在纸上，这样，能让你清楚地看到自己的思想。你会发现，不配得到，不爱自己这些思想实际上是来自别人的看法。

当我们相信，自己不配得到，就会用各种方法毁灭自己，我们会混乱，失去一些东西，伤害自己，可能还会摔倒或发生意外。因此，我们要相信，我们配得到所有美好的事物，这是生活为我们预备的。

为了清除负面的思想，你要用哪些积极思想建设新生活呢？需要有什么样的思想基础？要如何认识自我？要相信什么？要接受什么？

你可以从这些积极思想起步：

我有价值

我配得到

我爱自己

我允许自己成功

这些思想是信念的基础，在这些思想基础上自我暗示，才能得到你所想要的。

我在各地演讲结束后，有的人来找我，或写信给我说，他们在听我演讲的过程中得到了治疗。这种情况有时显得微不足道，有时也会戏剧性地出现。不久前，一位女士告诉我，她的胸部有一个肿块，在听演讲的过程中消失了，因为当她听到自己应该释放的东西时，她就决心释放了。这个实例让我们看到，我们有无穷的力量，当我们没准备好释放的时候，无论怎样努力也没用，我们不能释放，那是因为它可能对我们有用，当我们准备好释放了，奇迹就会发生，就像那位女士一样，受到一点触动就能释放。

如果你还有改不掉的坏习惯，请问自己，这些坏习惯对你有什么好处？如果能改掉，你的生活会怎样？如果没有得到答案，换一种方式问自己："如果没有这样的习惯，会怎样呢？"也许答案是："我的生活将会好起来。"这又印证了我们不相信自己配得到好的生活这一事实。

向宇宙点菜

当你第一次自我暗示时，看上去好像不像真的。请记住，自我暗示就像在地里播了一颗种子，它不会明天就长成大树，我们需要耐心地等待它成长，当不断自我暗示后，你将会随之释放一些不想要的东西，你的暗示将成为现实，或者会为你打开新的思路，或者你会灵机一动，或者朋友会打电话给你：“你尝试过这个方法吗？”然后你会开始进入下一个对你有帮助的阶段。

请用现在时自我暗示，你可以把它编成歌，大声唱出来，在你的脑海里一遍又一遍地重复。请记住，你不能把这个方法运用到别人身上，你不能说“现在约翰在爱我”，这是在干涉别人的生活，会给你带来不良后果，你会因得不到期望的东西而失望。你可以说：“现在有一个男人正在爱我，他……”，把你所希望的品质加上，身上的力量会帮你找到所希望的人，也许这个人就是约翰。

你不了解别人的精神世界，也没有权利干涉别人的生活。你也不会愿意别人干涉自己的生活。如果有人生病了，请用爱祝福他，但不要命令他痊愈。

我喜欢把“自我暗示”比作向宇宙点菜。当你进入餐馆，服务员记下你所点的菜，你不用跟到厨房，确认厨师是否知道菜单或怎样做菜。你会坐下喝咖啡、喝茶、和朋友聊天等待上菜。你相信，菜做好后就会送出来，自我暗示也是同样的道理。

当我们向宇宙点了菜以后，大厨师也就是至高的力量将开始工作，你可能照常继续生活，你知道自己会得到照料，你所希望的东西将会出现。如果送出来的菜不是你所点的，如果你尊重自己，你会把菜退了，反之，你会把它吃掉。同样的道理，如果你没有得到所需要的东西，你有权向宇宙说：“不，这不是我想要的，我要的是那样的。”也许是你点菜时没说清楚，解决的办法就是释放它。

当我每次治疗和默想完毕，我会说“一切就是这样”，这就等于说：“至高的力量就在你的手里，我把它给你。”心灵科学的精神疗法非常有用，你可以在当地的宗教科学教堂或耳尼斯特·厚牧的书中获取这方面的知识。

重新规划潜意识

我们不断地在思想，一不小心，旧的思想又回来了，当我们重新规划我们的思想时，会刚有点进步，又出现倒退，然后又进步，这就是一种训练，我不相信，谁能在20分钟内完全掌握某种事物。

刚开始学电脑时，还记得有多复杂吗？你需要经过专门训练，掌握它的操作规则，才能正确使用它。我把我的第一台电脑叫做“神奇的少女”，当我按照规则去操作，它就会神奇地回应我。如果没按规则操作，所有工作成果将被毁掉，不得不重来。经过失误，我学会了怎样按规则去操作。

至于生命运行的规则，潜意识就像电脑一样，先储存东西，然后释放出来。如果你总把不好的思想储存在大脑里，就会带来不好的生活经历。当然，学习新的思维方式需要时间，请对自己有耐心，当你在学习某种新思想，旧思想又回来时，你会说“哦，我怎么一点进步也没有”，还是会说“没关系，再努力！让我们再试一次”？

不经过试验，你怎么知道自己是否成功了呢？因此，请稍作思考，下次遇到同样的事情要如何处理，如果还用同样的方式去处理，意味着你没有真正学会，你需要更多地磨炼自己，实际上，这是在检验你取得了多少进步。自我暗示美好的事物，就是在给自己改变的机会。不管是健康问题还是金钱和人际关系问题，如果你学会了用新方法去处理，那么，你都可以用这种方法解决其他所有的问题。

请记住，我们要解决问题的各个层面，你可能达到了某个高度，然后想：“我成功了！”随后又遇到了一些老问题，你又开始伤害自己或者病倒，甚至一段时期内都没有好转，请思考你思想的基础，这说明，你需要更加努力，因为你将要进入一个更深的层面。

请不要因为自己努力克服的东西又回来了，就觉得自己不够好，我不会因为遇到老问题而觉得自己不好，继续向前努力，对我来说非常容易，我学会对自己说：“露易丝，你做得好极了，看看你取得了多大的进步，你只是需要更多的练习，我爱你！”

我相信，我们每个人在特定的时间和空间降生为人，来到这个世界上，选择了特定的生活经历，这些经历使我们的心灵不断成长。

自我暗示新思想，将使我们的生命变得积极和健康，让我们摒弃所有局限性的思想，因为这些思想让你得不到自己想要的东西。告诉自己，各种消极的思想将从你的心中清除，请不要害怕或痛苦。一直以来，我都相信以下思想，并且这些思想确实发挥了作用：

我想要学习的各种东西就在眼前

我在合适的时间和空间得到我所想要的一切

生命充满了爱和各种乐趣

我健康并充满了力量

不论我去到哪儿，遇到的都是成功

我希望改变和成长

在我的世界里，一切都是美好的

我知道，我们不可能总是100%的积极，包括我自己，而我尽可能地相信，生活是幸福和精彩的，我相信，我是安全的，我把这些思想作为生活的准则。

我相信，我想知道的一切就在眼前，因此我要睁大双眼，张开双耳。当我得癌症时，我想，足底反射治疗师对我会很有帮助。有一天晚上去听这方面的讲座，通常我会坐在前排，因为那样可以靠近演讲者，而那天晚上，我被迫坐到了后排，刚坐下，我发现身旁就坐着一个足底反射治疗师，然后我们开始了交谈，通过交谈，我知道，他还可以上门服务。我没有去寻找，而他却自己送上门来了。

我还相信，我会在合适的时间和空间，得到想要的一切。如果生活中出现了一些失误，我马上想：“没关系，这只是一个教训，一种经历，一切都会过去的，最美好的事物在等着我，一切都是美好的，深呼吸，没关系！”我尽力使自己安静下来，因此，我能理智地思考发生了什么，当然，我解决了所有的问题，只是需要一点时间而已，有时，看上去是坏事的最后也会变成好事，或者从一开始就不是坏事，这一切都是让我们学习成长的经历。

每天早上、中午和晚上，我都和自己进行一些积极的谈话，告诉自己，我来自内心深处的爱，并尽可能多地学习爱自己和身边的人。我的爱一天比一天增多，今天的我比半年或一年前的我取得了更多的进步，我知道，明年我的心灵和意识会更加开放，我会更加努力，我总是积极地思想，我知道，这些积极的思想都会变成现实，有时不能做到积极地思想，我也会把它看作是成长和努力的机会。

我还相信默想，对我来说，默想就是停止内心的对话，感受内心的智慧。默想时，我会闭上眼睛深呼吸，问自己："我要学习什么，我能从中吸取什么教训，能学会什么？"有时，我知道自己应该调整一切，有时会懂得，那只是一个教训。

刚开始学习默想的三个星期，我头疼得厉害，我一点也不习惯默想，我内心的一切都不习惯默想，不论如何，经过不断努力，最后头疼的症状消失了。

默想的时候，不断出现大量的消极思想，那意味着它需要出现，当你使自己安静下来，这些消极的感觉将会浮出水面，你只要看着它被释放，尽量不要和它作斗争，它要持续多久就持续多久。

默想时，不小心睡着了也没关系，就顺从生理的需要，不久会好起来的。

重新规划自己的消极思想非常有用，你可以录下自我暗示时说的话，并在临睡前播放，这个办法很有用，因为你是在听自己的声音。另外一个更有用的办法是，录下妈妈对你说，你有多优秀，她多爱你这些话。在开始重新规划之前听录音，能使你的身体得到放松。有的人喜欢从头到脚绷紧肌肉，然后放松，释放紧张和压力、释放自己的情绪，使自己达到敞开的状态，你越放松，就越容易接受新信息，请记住，你在掌控着自己，你安全。

除了听录音、看书认识自我、自我暗示外，剩下的23小时30分钟你在做什么？你知道吗，这很重要，你默想结束后会马上站起来，对着其他人大喊大叫吗？默想及自我暗示美好的事物很重要，剩下的时间也同样重要。

让“怀疑”作友好提示

人们经常问我，他们自我暗示的方法正确吗？这些暗示起作用了吗？我希望你能用一种不同的方式来看待“怀疑”。我相信，潜意识存在于我们身体的腹腔神经丛中，因此，我们的消化器官会产生感觉，当有什么事情突然发生时，你的消化器官会有一种强烈的刺激感吗？因为消化器官是我们储存和释放一切的地方。

小时候我们所做的一切、所说的一切、所经历的一切和所受的影响，都会被储存在腹腔神经丛的一个“橱柜”里，我想，可能会有些信息管理员存在，他们把我们思想和经历的一切信息储存在合适的“柜子”里，有的信息柜上写道：“我不够好、我没做过、我做不好”，我们被这些信息所淹没。当我们突然自我暗示说“我很棒、我爱你”时，信息管理员会说：“唉，这是什么呢？这是从哪儿来的？我怎么从来没见过这些东西呢？”

信息管理员会把“怀疑”叫来，问：“‘怀疑’，过来看看这是什么？”“怀疑”就会问意识：“这是什么？你怎么从来没告诉过我呀？”意识可能有两种回答，一种是：“喔，对了，是我不好，我真糟糕，对不起，这些信息是错的。”然后你又回到老样子。另一种回答是：“这是以前的事了，我不需要它了，这些是新信息。”然后告诉“怀疑”打开一个新“橱柜”，因为从现在开始，将不断有好信息传来。请把“怀疑”当作朋友，而不是敌人，感谢他向你提出的疑问。

无论你是银行家、洗碗工、家庭妇女还是水手，你心里都蕴藏着和宇宙真理相连的智慧。只要你愿意深入内心去寻找，问自己一些简单的问题，例如："这些经历让我学到了什么？"只要愿意倾听，你将会得到答案。而许多人却忙于在生活中制造肥皂剧，使自己什么也听不见。

不要把力量浪费在别人的"对"与"错"上，不要用别人的观点来左右自己的行为。别人是否能左右我们，取决于我们自己。许多人喜欢把自己的力量给别人，这种事情可能会发生在很多文化背景下，在我们这种文化背景下，女人总把自己的力量交给男人，她总是说："我丈夫不允许。"这就是丢掉自己的力量，如果你这样相信，就意味着你把自己禁锢起来，除非得到别人的允许，否则什么也不能做。你的心越开放，就能学会更多东西，成长和改变得越多。

一次，一位女士对我说，她结婚了，她没有一点自信。她花了多年的时间，才让自己意识到，这种状态把她封闭在了一个角落，她指责每一个人，指责丈夫和丈夫的家人让她陷入这种境地，最后，她和丈夫离了婚，但还在指责丈夫给她带来的种种问题。她花了十年的时间来认识自我，才开始找回自己的力量，并认识到，自己要对这一切负责，是自己没有抗争，那不关丈夫的事，也不关丈夫家人的事，他们只是反映了她自己内心的感觉，那种缺乏力量的感觉。

也不要把自己的力量浪费在一些印刷品上，记得几年前，我从一本有名的杂志上看到了一篇文章，其中所涉及的标题刚好都是我比较了解的，而这篇文章所讲的内容在我看来完全是错的，我立刻对这本杂志失去了信任，并且多年都没读它。只有你才有权利控制自己的生活，因此不要认为，所有印刷品上讲的东西都是对的。

励志演讲家特里·空维特葛写了一本很精彩的书叫《你怎么想我不关我的事》（*What You Think of Me is None of My Business*——译者注），确实是那样，你怎么想，那不关我的事，因为那是你的事，你对我所想的一切都会回报到你自己身上。

当我们受到启发

当我们意识到自己正在做什么

就可以改变自己的生命

美好的生活在等待着你

只要你开口说需要什么

然后允许理想成为现实

现在你要听什么

我一遍又一遍地重复

爱自己是最重要的

当你爱自己，就不会伤害自己和别人

这是获得世界和平的妙方

如果我不伤害自己，不伤害你，怎么还会有战争呢?

我们越爱自己，世界将会越美好

请倾听我们对自己和他人所说的话

然后改变自己，治愈自己和我们的地球

THE POWER IS WITHIN YOU

第二部分　战胜困难

我们要了解自己的内心

才能知道应该释放什么

请不要埋藏痛苦

我们可以做到完全释放

憎恨自己，有犯错的感觉，指责评论自己

会使身体紧张，并削弱免疫系统

第四章　认识你的障碍

现在，我们已经认识到了，我们身上有一种力量，想想看，是什么在阻止我们使用这种力量。我想，每个人的心里都有某种障碍存在，不管我们怎么努力，旧障碍的新层面都继续浮现。

许多人觉得自己有缺陷，我们相信，自己不够好，或将来也不会好，然后，我们在自己身上找缺点，同样也在别人身上找缺点，如果我们还在说“我做不了，因为我母亲说……或者我父亲说……”，这表明我们还没长大。

现在，如果你想清除障碍，也许需要学习一些新思想，也许这里的一句话就能让你产生新思想。

想想看，如果每天都能学习到一些新的思想，帮助你释放过去，创造和谐，那该有多好！如果你能认识并理解生命运行的规则，就能正确选择自己该走的路，如果你能把力量都用来认识自我，你将会看到需要解决的问题。

我们每个人的生命都有挑战，没有人会一点挑战都没有。否则，我们来到这个叫做地球的特殊学校里，意义何在？有的人可能会在健康方面遇到挑战，有的人会在两性关系、工作或金钱方面遇到挑战，每个人或多或少都会遇到一些问题。

我认为，我们最大的问题是，大部分人不知道自己应该释放什么，我们知道出现了问题，我们知道需要什么，却不知道有什么障碍在阻碍自己，所以，请花点时间，想想你的障碍是什么。请对你的思维模式、遇到的问题和障碍稍作思考，是以下这几个障碍吗？

1. 评论

2. 恐惧

3. 犯错的感觉

4. 怨恨

我把它们称为“四大问题”，你最常出现的是哪种问题？对我来说，是“评论”掺杂着“怨恨”，也许你和我一样，或者同时存在两三种问题，恐惧和犯错的感觉经常出现吗？你怨恨吗？你很喜欢指责或怨恨吗？怨恨是被压制的愤怒，因此，如果你不能把愤怒发泄出来，那就是在积蓄更多怨恨。

我们不能否认自己的感觉，轻易忽视自己的感受，当我得癌症后，我不得不更清楚地认识自我，面对一些从前不愿意面对的事，例如，我是个充满怨恨的人，我埋藏了许多过去的痛苦。我对自己说：“露易丝，你没有时间再沉迷下去了，你必须改变！”彼得·麦维连也对我说：“你不能再有这些消极思想了。”

经历往往反映了内心的思想，你可以通过观察自己的经历，判定你有什么样的思想和信念，也许会有些困难，请观察一下出现在你生活中的人，你会发现，他们就像镜子一样，反映了你的思想和信念。如果你在工作中总被指责，因为你是个喜欢指责的人，将来会成为喜欢指责孩子的父母。生活中所发生的一切，像镜子一样反映出我们是谁，当有什么不愉快发生时，我们可以深入心灵的深处，问自己：“我们怎样制造了这样的经历，是什么样的思想让我相信，自己应该遭遇这些事？”

我们每个人都有家，我们会很轻易地指责自己的父母，指责童年的经历和生活环境。这样做只会让我们沉迷其中，得不到自由，成为受害者，不断遭遇同样的问题。

从前别人怎样对待你、怎样教你已经不重要了。今天是新的开始，今天是你为自己的生活和世界创造未来的时候！我说什么并不重要，重要的是你要做什么。只有你才能改变自己的思维方式，改变自己的感觉和行为。我只想说，你能成功、你真的能成功，因为你身上蕴藏着至高的力量，只要你愿意，这种力量会帮助你摆脱旧的模式，获得自由！

还记得，小时候你是多么爱自己吗！没有哪个小孩会指责自己的身体说“哦，我的臀部真大”，他们会因为自己有身体而感到喜悦和兴奋，小孩子会很直接地表达自己的感受，他高兴时，你知道，如果他生气了，所有的邻居也会马上知道，他们不害怕别人知道自己的感受。他们拥有生活的每分每秒，你也经历过那段时期。在成长过程中，你听周围大人们所说的话，从他们身上学会了恐惧、指责还有评论。

如果你成长在一个充满指责的家庭，你会变成一个喜欢指责的人，如果你成长在一个不能表达愤怒的家庭，会不敢面对和不敢愤怒，而把这些情绪埋藏在心里。

如果你成长在一个充满犯错感的家庭，长大后你还会总有犯错感，总在说“对不起”，并且不敢直接向别人提任何要求，你会觉得，要在某种程度上能够操纵一些事，才能得到自己想要的东西。

长大后，我们还会保留这些思想，而忘记了接触内心的智慧。因此，我们需要清除这些思想，用纯洁的灵魂真正爱自己，我们要给自己创造精彩、纯真的生活，感受存在的喜悦，就像一个婴儿的需要得到满足后的那种喜悦。

想想看，你需要什么？用积极的语言去自我暗示，而不是消极的语言，站在镜子前自我暗示，想想看，你有什么障碍？当你和自己说“我爱自己，赞同自己”时，会同时有消极的思想出现吗？只有认识这些消极思想，才能让你走向自由。一般来说，消极思想就是我曾提过的评论、恐惧、犯错感和怨恨，这些东西是过去你从别人身上学到的。

有的人选择做一些让自己为难的事，我相信，我们来到这个世界上是为了爱自己，而不是关心别人说什么，做什么，我们可以超越父母或朋友的局限。如果你是听话的孩子，就会从父母身上学到一些具有局限性的人生观，你并不坏、你是个优秀的孩子，你只是学习了父母教给你的东西，而现在你已经长大成人了，还在做和父母相同的事，你说的话有多少和父母说的是一样的？恭喜你，他们都是好老师，你也是好学生，但现在，你该有自己的思想了。

当我们对着镜子和自己说话时，许多人会出现挣扎和矛盾，这是走向改变的第一步，我们大部分人都希望改变生活，而一听到要做和以往不同的事时，就会说："我？我不要那样。"

有的人可能会觉得绝望，当你对着镜子说"我爱你"时，心里的那个童真的你会说："一直以来你去哪里啦？我早就希望你关注我了。"然后一种悲伤的感觉就会出现，因为一直以来，你都在拒绝心里那个童真的自我。

一次，在研习班和病人交流的时候，一位女士对我说，她感到非常害怕，我问，是什么让她感到害怕，她说自己刚从乱伦中逃离出来。许多人有过这样的经历，我们正在学习摆脱它的阴影，很奇怪，我们这个世界经常发生这样的事，我们经常听到这样的新闻，我想，这样的事不会比以前更多，随着社会的进步，儿童的权益得到了保障，这些社会的阴暗面也能公开关注了。要解决问题，我们得先认识这些问题，然后着手解决。

对这部分人的治疗恢复很重要，我们需要一个安全的地方，当我们释放了愤怒、暴躁和耻辱，才能真正地爱自己。不论我们在做什么，请记住一点，这只是感觉，一切都已经过去，我们要让童真的自己感到安全，我们要感谢自己有足够的勇气越过这些经历。每当我们遇到像乱伦这样的事时，会很难意识到，伤害我们的人已经做得最好了，凭他们已有的知识和能力，已经做得最好了。暴力往往来自喜欢伤害自己的人，我们每个人都需要恢复和治疗，只有学会了爱和珍惜自己，我们才不会伤害别人。

停止一切评论和指责

我们总是用同样的事情一遍又一遍地指责自己，我们何时才能醒悟过来，指责是没有用的，让我们接纳自己吧！喜欢指责、评论的人经常会着迷于一些指责或评论的事，因为他们有着指责的模式，我们所做的事会回报到自己身上，他们总是希望完美，而谁能这么完美呢？你见过有谁完美无缺吗？我没见过，如果我们指责别人，其实就是指责自己。

每一个人都映射了我们自己，我们在他人身上看到的，也会在自己身上看到，我们总是不接纳自己，用喝酒、吸毒、抽烟、过量饮食来惩罚自己，我们惩罚自己不够完美，我们要为谁完美呢？我们还在满足别人的要求和期望吗？请释放这一切，做你自己，你会发现，现在的你其实很优秀。

如果你是个喜欢指责、悲观看世界的人，可能就要多花时间接纳和爱自己，耐心地改掉这种习惯，因为那只是习惯，那不是真正的你。

想想看，如果生活中不被指责那该有多好，我们将完全放松、愉悦，每天早上起床后轻松地开始美妙的一天，因为，每个人都爱你、接纳你，没有谁指责你或贬低你。你可以接纳自己，为自己创造这样的幸福。

这将是想象不到的美妙经历，每天起床后，你将精神愉悦，幸福地和自己开始新的一天。

当你爱自己，你将自动展现自己最好的一面，我不是说你将会变得更好，这意味着你现在还不够好，而是你会找到实现梦想的办法，尽可能多地展现自我。

犯错的感觉导致自卑

人们经常向你灌输消极思想，因为那是他们控制你最简单的办法，如果有谁让你有犯错的感觉，请问问自己：“他们要干什么？为什么他们要这样做？”而不要承认说：“对，这是我的错，我要像他们说的那样去做。”

很多父母让自己的孩子有犯错的感觉，因为他们也是这样成长起来的，他们欺骗孩子来减轻自己犯错的感觉。有的人长大了还被自己的亲戚朋友控制着，因为，首先他们不尊重自己，要不然就不会让这样的事发生，其次，他们也这样对待自己。

很多人的生活充满了犯错的感觉，你总是觉得自己做错事了，做什么都不对，或者总在向别人道歉，你不原谅自己过去所做的一切，你在为生活中的许多事指责自己。请结束吧！你不必再这样生活了。

总有犯错感的人要先学会说“不”，不用关心别人说什么，我不是让你对别人发火，而是你没必要再加入他们的游戏，如果说“不”对你来说是件新鲜事，请轻松地说“不！不！我不这样做”，没必要为自己找借口，而让这些人有机会让你改变主意，当他们看到不能控制你了，自然就会停止。别人之所以能控制你，是你允许他们控制你。当你第一次说“不”时，可能会有犯错的感觉，没关系，接下来会越来越容易。

有一次演讲，我遇到了一位女士，她儿子患有先天性心脏病，她为此深深地自责，因为她相信，这一切都是自己的错，就像她对孩子做了什么似的。很不幸，这种感觉对她没有任何帮助，发生这种事不是谁的错，我对她说，我认为，这是孩子灵魂上的选择，这对母亲和孩子来说，是个学习和成长的经历。我的建议就是，让她爱自己和孩子，停止一切犯错的感觉，因为这对谁都没有益处。

如果你在后悔和伤心，请停止吧！如果你在内疚，请原谅自己！尽量修正自己的错误，以后不要再重复了。每次当犯错的感觉出现时，请问自己：“我对自己到底有什么样的看法，我正在努力让谁满意呢？”然后思考，你童年时代有什么样的思想和信念？

有一个人遭遇了一起车祸，他为此感到深深的自责，觉得自己应该受到惩罚。通常，我们会把这种可怕的感觉埋藏在心里，因为我们觉得自己没有权利说出来。负罪感将导致惩罚，我们因此会评论、指责、封闭自己。如果我们惩罚自己，就没有人能帮得了我们，现在是原谅和释放自己的时候了。

在我的研习班里，一位女士对我说，她很自责，因为在儿子成长过程中，她对他要求严格，所以儿子已经中年了，还是非常孤僻，她为此深深地自责。我告诉她，以她那时的能力，她已经做得最好了，我相信，她儿子在出生之前，就已经选择了她做母亲，他知道自己在做什么。我告诉她，这已经是不可改变的事实，她在损失自己的力量。她叹气说："他这个样子，真让我感到羞耻，我很伤心自己的失误。"

我们可以看出，这样做只能损失力量，对她儿子没有任何帮助，当然，对她也不会有任何帮助，犯错的感觉会变成一个沉重的负担，让人们感到自卑。

我对她说："每次当有这种感觉出现时，请你说：'不，我觉得不是这样的，我要学会爱自己，我接纳自己的儿子。'"如果她一直这样努力，她的生活将会发生改变。

即使我们不知道如何爱自己，但爱自己的愿望将使我们发生改变，我们不必再继续以前的模式，我们只用学习爱自己。她要学习的不是如何治疗儿子，而是学会爱自己，她的儿子来到这个世界上，是为了学习爱他自己，她不能替代儿子，儿子也不能替代她。

通常，有些宗教让我们产生犯错的感觉，他们严格要求人们遵照一定的规则生活，特别是年轻的时候。现在，我们不是小孩了，我们没必要遵守那些规则，我们能够决定，自己要相信什么。那个童真的自我也许会有犯错的感觉，而那个成人的你会告诉他，应该怎么做。

如果你在压抑自己的情绪，或埋藏什么，其实就是给自己制造混乱。请爱你自己，让自己有情绪和感觉，让你的感觉浮出水面，你可能会想大哭，或很愤怒，为了使你轻松、愉快、顺利地做这一切，我建议你自我暗示：

现在我释放了所有消极思想！

我觉得改变很愉快！

我一切顺利！

我摆脱了过去！

不要评判自己的感觉

那将会使你更加隐藏它

当你和逆境抗争时

告诉自己，你安全，你愿意让自己觉得安全

自我暗示美好的感觉，将会给你带来美好的改变

只要我们掌握了使自己成长的方法
最悲惨的事最后也会变成好事

第五章 释放你的感觉

用积极的方式释放愤怒

在生活中，每个人都会遭遇愤怒，愤怒是最真实的情感，如果愤怒不能表现或发泄出来，将会埋藏在体内，通常导致疾病或身体机能失调。

我们对同样的事情一次又一次地感到愤怒，我们一遍又一遍地指责同一件事，当我们感到愤怒，又觉得自己没有权利表现出来的时候，就会把它埋藏起来，然后导致了怨恨、痛苦和压力，因此，我们需要发泄愤怒。

我们可以用许多积极的方式发泄愤怒，最好的办法是，直接和使你愤怒的人坦诚地谈，把情绪释放出来，你可以说："我很生你的气，因为……"当我们愤怒得想指着谁大骂时，说明愤怒已经积蓄很久了。有时，我们不能直接和别人说，那么，另一种方法是，对着镜子里的人说。

找一个安全不受打扰的地方，看着镜子里自己的眼睛，如果你做不到，就看着自己的鼻子和嘴，看着自己和伤害你的人，回想你愤怒的时候，让愤怒自然宣泄，告诉镜子里的人，你为什么愤怒，表现你所有的愤怒，你可能会说：

"我生你的气，因为……"

“我受到了伤害，因为你……”

“我很害怕，因为你……”

请释放你的感觉，如果你想用身体来发泄，就找几个枕头来，打枕头，不用害怕，表现你的愤怒，不必觉得羞耻或有犯错的感觉，请记住，感觉反映了我们的思想，感觉是由某种思想引起的，我们何时能释放感觉，何时就能为美好的事物腾出空间。

发泄愤怒后，尽量原谅使你愤怒的人，原谅将给你带来自由，只有你，才是原谅唯一的受益者。如果不原谅，你所做的一切都是自我暗示不好的事，这样并不能使你好起来，释放愤怒和重复愤怒是有区别的，你可以说：

“对，一切都已经结束了，过去了，虽然我不赞同你的做法，但我知道，以你现有的知识和能力，你已经做得最好了，我释放你，你自由了，我也自由了。”

重复这段话几遍，直到你能摆脱愤怒。也许，你还想处理其他愤怒的事，就请让你的感觉顺其自然吧！

我们还可以对着枕头大叫，踢打床和沙袋，写信然后把它烧掉，在车窗紧闭的车里大叫，打网球，打高尔夫球，踢球，锻炼，游泳，来回跑，用不熟练的手法把你的感受写或画出来，这种写和画的创作过程是一种自然的情绪宣泄。

在我的研习班里，有一位男士告诉我，每次他会给自己10分钟的时间对着枕头大叫，发泄对父亲的愤怒和不满，5分钟过去后，就开始累了，每30秒钟他就会停下来看看，还剩多少时间。

我曾经用敲打床来发泄愤怒，那会产生很多噪声，所以我不能那样做了，我的狗会很害怕，它以为我在生它的气，后来我发现，在车里大叫，或在院子里挖坑也能很好地发泄愤怒。

把感觉释放出来后，你会更具有创造性，我建议，用比较安全的方式发泄，不要威胁到自己和他人的安全，记得连接你身上至高的力量，进入心灵的深处，找到解决愤怒的方法，想象愤怒从你的身上离开，这对治疗很有帮助。向别人献上爱，看到爱抚平了你们之间的不和谐，你愿意看到和谐。有时，愤怒往往说明你的人际关系出现了问题，请认识愤怒，才能解决愤怒。

许多人告诉我，当他们面对让自己愤怒的人，把愤怒发泄出来后，就好像卸下了沉重的包袱，感觉很愉快。我有一个学生，她不能释放愤怒，实际上，她知道自己的感觉，却不能公开地表现出来。有一次，她踢东西、大喊大叫、大叫喜欢酗酒的女儿的名字、大叫母亲的名字、大叫所有人的名字，随后，感觉就像卸下了包袱，从那以后，女儿来看她时，她久久地抱着女儿，她已经能够用爱来代替愤怒了。

也许，你会让愤怒控制你的生活，我称之为“习惯性愤怒”，一有不愉快发生，你就愤怒，你超越不了愤怒，这样的习惯使你像个任性的孩子。请问自己以下问题，会对你有很大的帮助：

我为什么总是选择生气？

我在做什么，为什么一次又一次地制造出让我愤怒的事？

这是我唯一的出路吗？

这是我所想要的吗？

我在惩罚谁，还是在爱谁？

为什么我总是这样？

什么样的思想导致我遇到这样的挫折？

我做了什么，使得别人老让我生气？

换句话说，你为什么把愤怒当作解决问题的办法，你有必要生气吗？我不是说，所有的一切都公正、公平，你没有权利愤怒，而习惯性愤怒对你的身体没什么好处，因为愤怒会积存在身体里。

想想看，你大部分时间在想什么，坐在镜子面前十分钟，问自己：“我是谁？我需要什么？什么会使我幸福？我要做什么才能让我幸福？”现在，请为自己努力吧，请在你的内心建立一个充满爱、积极乐观和愉快的模式。

人们在开车的时候常会被激怒，对胡乱开车的人经常表现出愤怒，很久以来，因为其他人不遵守交通规则，我也感到很沮丧。因此，我的解决办法就是，上车后向自己的车子献上爱，然后自我暗示，周围都是些很棒的驾驶员，我身边的人开车开得都很好。因为我这样相信和自我暗示，所以在路上，就很少遇到开得不好的，他们都去找那些攥紧拳头大喊大叫的人了。

你的车子就像你身边的人和事一样，能反映出你自己。因此，向你的车献上爱，向马路上所有的人献上爱，我相信，车的每个部位就像你身体的每个部位一样。

例如，我有一个同事，她觉得自己看不到生命的方向，她不知道生活会走向哪个方向，自己应该走什么样的路，有一天，她发现车子前窗的玻璃，裂成了一片片。另外一个很熟悉的朋友，觉得自己“陷进去了”，然后就发现自己的车胎瘪了，不能向前，也不能向后。我知道，乍一听，会觉得很荒谬。而我觉得很有趣，这两个人所说的话反映了他们的心理状况，这些心理状况反映到了车上。“没有任何方向”意味着，你前面什么都看不见，挡风玻璃就是个很好的比喻，车胎瘪了刚好对应了“陷进去”。下次你的车出问题时，这些损失说明了什么？想想看，是否能和你当时的心理状况联系在一起，得到的结果也许会让你感到吃惊。也许将来有一天，我会写一本书，叫“医治你的车”。

有时，我们不太理解身体和心灵的联系，现在，是时候了，我们需要敞开自己的思想，了解身体和心灵的联系，你生活中发生的每件事，都是让你学习和成长的经历。

愤怒不是什么新鲜事，没有人能避免愤怒，重要的是，通过认识愤怒，把力量使用在好的方面，如果你生病了，请不要烦躁，不要对自己生气，请向生活献上爱和原谅。能够向病人献上爱和关怀的人，也会懂得如何照顾自己。如果你做不到，就不能很好地对待自己、朋友，甚至你的家庭，你会感到筋疲力尽。请把你的感觉释放出来，当你学会了用积极的方式释放愤怒，你会发现，生命将会出现很多美好的改变。

怨恨导致各种疾病

怨恨是埋藏已久的愤怒，它积存在体内，通常在身体的同一个地方，在体内沸腾并吞噬身体，最后导致肿瘤和癌症，因此，压抑和积存愤怒不利于身体健康，现在，请把你的愤怒释放出来吧！

很多人成长在不允许表现愤怒的家庭，特别是女人，通常被教导说，不能生气，生气是件恶劣的事，只有父母或某人才能生气。因此，我们会积存愤怒，而不是释放它。现在我们该明白了，是我们自己抓住愤怒不放，和其他人无关。

牡蛎在沙粒上一层层地积累方解石，最后变成美丽的珍珠，同样的道理，我们一次又一次地积存情绪伤害自己，就像在自己心里一遍又一遍地放映同样的电影，如果我们要自由，要摆脱这些情绪，就请超越它们。

一般来说，“他让我不正常”的思想是导致女人患子宫囊肿或肌瘤的原因。生殖器能很好地证明我们是男性还是女性，通常在两性关系中，我们的情绪会蔓延到身体的器官中，至于女性，将会积存在女性的器官里，慢慢伤害这些器官，最后变成肿瘤和癌症，我们需要努力解决被隐藏的愤怒。我收到一位女士的来信说，她不能改变愤怒的模式，导致她第三次患上了癌症。我告诉她，她对自己的痛苦很自以为是，对她来说，让医生把肿瘤拿掉，比学会原谅要容易一些，她最好两样都能做到，医生可以把肿瘤拿掉，只有我们才能防止它再出现。

有的人宁死也不愿改变自己的模式，最后就真的死了，我还注意到，很多人宁死也不愿意改变饮食习惯，最后他们就真的死了，如果这些人是我们所爱的人，并且我们知道，他们还有其他选择，我们将会感到非常不安。

不论我们选择什么，都是合适的、无可指责的，就算离开这个世界，我们也会在合适的时间、以合适的方式离开。

生活中出现了失误，不必指责自己，不用产生犯错的感觉，没有谁做什么是“错”的，每个人以自己已有的知识和理解来做事就已经算得上做得最好了。请记住，我们每个人都有力量，我们来到这里是为了学习特定的生活经历，更高的自我知道，我们应该怎样学习成长，我们没有走错路，这就是我们要走的路。我们在无尽的旅程中走向永恒，在生命轨迹中不断循环，我相信，这次生命历程中不能做的事，在下一次生命历程一定可以做到。

压抑情绪导致抑郁

抑郁是被压制的愤怒，产生于你“不应该愤怒”的感觉。例如，你觉得不应该对父母、伴侣、员工或好朋友发火，然而，你已经感到了愤怒，并沉迷其中，最后愤怒就变成了抑郁。如今，许多人对抑郁感到很痛苦，甚至成了慢性抑郁，当我们感到抑郁时，很难摆脱它，我们所作的一切努力都让人感到绝望。

无论你的精神状况如何，你每天都得洗脏盘子，你不可能让水池装满了脏盘子，然后说“哦，我是个精神主义者”，同样的道理，如果你希望心情敞亮，请把心里的脏东西清除出去。

最好的办法是，允许自己表现愤怒，你不用那么压抑，有许多治疗师可以帮助你发泄愤怒，向他们寻求咨询将对你大有益处。

我个人认为，无论是否愤怒，每个人都应该至少一个星期捶打一次床。一些心理治疗师会鼓励你进入愤怒，我认为，他们让你沉迷于愤怒的时间也许会太长。愤怒和其他情绪一样，只会持续几分钟，小孩子能够很快转换情绪，我们有义务马上处理刚产生的情绪。

作家伊丽莎白·库白勒罗斯在她的研习班中，做了一个非常棒的练习，她把它叫做“表现出来”。她让你找来一段胶皮管和一本厚厚的旧电话本，用胶皮管不断打电话本，让各种情绪浮现出来。

当你释放愤怒的时候，可能会觉得不好意思，这很正常，特别是这种做法有违于家庭观念时，第一次会让你觉得害羞，接下来会变得有趣并很有效果。上帝不会因为你愤怒而憎恨你，只有当你释放了愤怒，才能用一种新的眼光看待问题，并找到解决的办法。

对于抑郁的人，我还有一个建议，请营养专家重新安排你的饮食结构。也许，你会觉得奇怪，这和心灵有什么关系？抑郁的人通常饮食也不健康，这样的饮食将制造出更多的问题。我们都想摄取对身体有益的东西，然而，我们会发现，服用药物后，身体所产生的化学药品的不平衡，将使身体状况更糟。

重塑自己也是释放感觉的一个好办法，因为它能越过你的理智。如果你没尝试过，我建议你试试，这个办法对很多人都有效，通过呼吸让你想起以前的问题，然后用积极的方式释放出来。治疗师会让你不断“自我暗示”来重塑自我。

还有一些恢复身体的方法，如罗尔夫按摩治疗法（是由依达·罗尔夫发明的一种连接深层组织的方法），或海勒治疗法、川杰治疗法等，它们能帮助人们释放局限性的模式，不同的方法适合不同的人，有一种方法对某人有效，但对另外一个人未必有效，我们要多试几种，选择对自己最好的方法。

你可以从书里学到许多方法，养身餐厅的海报会登出许多聚会和讲座，只要学生有学习的愿望，老师到处都可以找到。

恐惧之下没有信任

恐惧在这个世界上蔓延，有关战争、犯罪和贪婪的新闻报道让我们看到和听到恐惧，恐惧是对自己缺乏信心的表现，因为我们对生活没有信心，我们不相信，自己会在一个更高的层面上得到很好的照顾，因此我们认为，应该在身体这个层面上控制住一切，显然，我们不能控制生活中的一切，因此产生了恐惧。

信心能帮助我们战胜恐惧，信心是一种越过信念的东西。请相信和宇宙智慧相连的力量，除了相信物质的，也请相信肉眼看不到的东西，我不是说什么也不用做，而是说，如果我们有信心，就可以轻松地越过一切。还记得吗，之前我说过，虽然我的身体不能控制身边所发生的一切，但我相信，我想要的一切就在眼前，我相信自己会得到很好的照顾。

你之所以产生恐惧，是因为它想保护你，我建议你对“恐惧”说：“我知道，你想保护我，我很感谢你的帮助，谢谢！”请认识恐惧，它想照顾你，当你的身体受到惊吓时，肾上腺素会迅速分泌到全身，保护你脱离危险。当你的心灵受到惊吓时也是同样的道理。

观察你的恐惧，认识到那不是真正的你，像看电影一样地看待恐惧，屏幕上看到的东西并不是真实的，这些移动的画面只是影片，会很快改变和消失，恐惧也和这些画面一样，它出现后又将迅速消失，除非我们要抓着它不放。

恐惧是对心灵的局限，人们总害怕生病、无家可归等。愤怒是因为恐惧而产生的一种防御机制，它想保护我们。如果你能通过自我暗示，来停止在心里制造恐惧，将会使你充满力量和爱自己。我想再次强调，所有的一切都是由心而起，我们是生活中所发生的一切的中心，所有的一切都能反映出我们的内心，各种人际关系和每一个经历都反映了我们内心的一种思维模式。

“恐惧”和“爱”正好相反，我们越相信自己、越爱自己，就越能吸引爱和信任进入我们的生命，如果我们感到害怕、烦躁、忧虑或不喜欢自己，很奇怪，生命就会不可避免地出现失误，一遍又一遍，永无止境。

如果我们爱自己，一切都会变得美好，畅通无阻，不管大事还是小事都让生活变得那么精彩，早晨起床后，愉快轻松地迎接美好的一天。

请爱自己、照顾好自己，用各种方法使你的思想、心灵和身体健康，并交托给你身上的力量，找到并坚持一种好的精神联系。

当你受到了惊吓，或觉得恐惧，请有意识地呼吸，当我们受到惊吓时，往往会屏住呼吸，因此，请做几次深呼吸，呼吸能扩展你的内心，就是你内心的力量，它使你的脊柱变直，打开你的胸部，扩张你的心房，通过呼吸，你可以清除障碍，拉长呼吸而不是缩短它，你的爱将涌入，请说：“我和创造我的力量是一体的，我安全，我的世界里一切都美好！”

改掉上瘾性习惯

“上瘾”是伪装恐惧的一种方法，上瘾就是压抑情感，让自己没有感觉。除了化学药品外，我们还有许多上瘾的东西，有一种叫做模式上瘾，这种模式使我们沉迷于过去。如果我们不想要现在的生活，不想居住在现在住的地方，那一定是有某种模式在阻碍我们享受生活。有的人可能会对食物或化学药品上瘾，有的人有遗传性的酒瘾，针对不同的人有不同的解决办法。我们所说的遗传性，是指孩子从父母身上学会的恐惧的模式。

另外，还有情绪上瘾，你可能会对揪别人的错上瘾。不论发生什么，你总能在别人身上找到错，“都是他的错，都是他们害得我这样”。

也许，你会对各种账单上瘾，许多人对欠债上瘾，你始终使自己的大脑处于债务中，就好像你不知道如何为自己理财。

你可能对遭到拒绝上瘾，无论去到哪里，总会吸引拒绝你的人，这种遭遇别人拒绝的状况，实际来自你心里在拒绝自己，如果你不拒绝自己，就没有人会拒绝你，就算别人拒绝你，你也不会觉得有什么，请问问自己：“我为什么不接纳自己？”

有许多人对生病上瘾，总让自己生病或老担心会生病，就好像是“爱病俱乐部”的会员。

如果你正在对什么上瘾的话，为什么不对“爱自己”上瘾呢！你可以自我暗示美好的事物，或做其他对自己有益的事。

过量饮食

许多人来信诉说，他们有肥胖的烦恼，节食两三个星期后，就以失败而告终，他们没有认识到，自己已经尽力了，他们感到自责和愤怒，自责总会导致惩罚，他们到外面去吃一堆垃圾食品来惩罚自己。如果他们能意识到，那两三个星期所建立的生活模式是对健康有利的，并停止自责，就会打破旧的模式。他们可以对自己说："我曾经在体重上出了点问题，现在，我允许自己的体重处于正常状态。"然后，你内心的模式将发生转变，我们不必过于强调摄取食物的多少，因为那不是问题的根源。

过量摄取食物是一种需要保护的体现，当你觉得不安全或害怕时，就会寻找让你安全的东西。体重和食物没有关系，很可惜，许多人总是浪费自己一生的时间来愤怒自己的肥胖，这真是浪费力量，与其这样，不如想想，生活中是不是有什么让你感到不安全的因素？是工作、婚姻、异性或其他生活问题吗？如果你肥胖，请先别管体重和食物，而是回过头来改变"我不安全、我需要保护"的模式。

很奇妙，身体的细胞会回应我们的精神模式，当"需要保护"的感觉消失了，觉得安全了，脂肪就会溶化。我注意观察过自己，当我觉得不安全的时候，体重就会增加，当生活节奏太快，要做许多事，要去很多地方，我就会觉得需要保护，需要安全感，因此我对自己说："好了，露易丝，我想让你知道，你安全，没关系，你可以完成一切，这些地方你都能去，你能克服现在的困难，你安全，我爱你！"

体重反映了你内心的恐惧，当你看到镜子里的胖子时，请记住，那是以前的思想所导致的。如果你开始改变思想，就等于在播种美好，今天的思想将塑造明天的身材。桑达雷写了本书，叫做《唯一的膳食》，书中讲了因为消极思想导致的饮食习惯，这是一本减肥的好书，它会告诉你怎样一步步地减肥。

自助群体

自助群体是一个新的社会群体，我认为这是件好事，遇到相同问题的人们聚在一起，不是在一起诉苦，而是共同想办法解决问题，提高生活的质量。现在，几乎你能想到的每种问题都有一个群体，电话号码簿黄页的社区服务，或黄页上可以找到这些群体的目录，也许会有某个群体适合你，现在许多教堂也开始组织这样的群体。

你可以去当地的健康食品店（这是我的最爱之一）看看他们的广告牌，如果你真想改变自己，你总能找到办法。

12阶梯项目到处都是，已经流行了一段时期，并且形成了成熟的模式，他们的艾尔艾农项目是有上瘾性习惯的人们组织的，适合于各种各样的人。

感觉是衡量内心的标准

如果你成长在问题家庭，将学会回避，结果拒绝了自己的感觉。我们不相信别人会满足我们的要求，所以不会开口请求别人，我们深信，自己必须足够坚强，单独处理所有的事情。而我们缺乏的是，联系自己的感觉。感觉往往反映了你和自己的关系、你和别人的关系、你和周围世界的关系，它会让你知道，什么对你的生活有用，什么没有用。压抑自己的感觉，只会陷入更复杂的问题和身体上的病痛。你能感觉到它，就可以解决它，如果你不让自己有感觉，就不知道从何下手医治自己。

另一方面，很多人总有犯错的感觉、嫉妒、恐惧或伤心，我们培养了这样的习惯模式，创造了一些自己不希望的生活经历，如果我们总是感到愤怒、伤心、害怕或者嫉妒，而不是找出带来这些感觉的根本原因，那只会继续制造更多的愤怒、伤心、恐惧等等。当我们停止把自己当作受害者，就能唤回自己的力量，我们要从中吸取教训才能解决问题。

当我们相信生命的历程

心灵和宇宙的联系

就可以很快克服愤怒和恐惧

我们可以相信生命，并认识到一切都来自神圣的旨意

一切都会在适当的时间和空间出现

我们可以超越自己的身体和性格

不管外表怎样变化

我们的心灵将永远美丽和可爱

第六章　超越伤痛

死亡带来的伤痛

积极的态度令人愉悦，同样，承认自己的感觉也令人愉悦。上天让你经过特定的生活经历，从而产生感觉，拒绝自己的感觉将会带来更多痛苦。请记住，死亡并不代表失败，每个人都会死亡，这是生命的进程。

当你所爱的人去世了，你可能会至少伤心一年，因此，请为自己留点空间。我们不得不单独度过所有节假日、情人节、生日、周年纪念日、圣诞节等，这确实很困难，因此，请对自己温和一点，就让自己伤心吧！世界上没有什么绝对的原则，我们也不必为自己制定什么原则。

当有人去世了，你会觉得愤怒，甚至发狂都是很正常的事，你不能故作不伤心，你需要把自己的感觉发泄出来，让自己哭泣，或对着镜子大叫“这不公平”等等。无论如何，请把你的感觉说出来，否则你的身体会出现问题，你要学会照顾自己，虽然我知道这不容易。

许多人和艾滋病人在一起工作，他们会感到无比的伤痛，就像战争所带来的伤痛一样，激烈撞击着我们的神经系统。很多次，每当我想到一些朋友或特殊群体时，我几乎要发疯。当我的母亲去世时，我的伤心程度还小一些，我觉得这是她91岁生命历程的圆满结束，虽然伤心，但是没有因为不公平或不到时候而感到愤怒，战争和传染病导致的不公平才会给人带来无比的沮丧。

摆脱伤痛需要时间，有时，你觉得自己就好像掉入了无底的深渊，如果你几年以后都还在伤心，那说明你已经陷入了痛苦的深渊，你需要原谅自己和别人，请释放吧！请记住，我们没有失去谁，因为我们从一开始就不曾拥有谁。

如果你觉得很难释放的话，还可以做点其他事。首先，我建议你想象，已经去世的人在世的时候，不论他们曾经想什么或说什么，当他们离开这个世界的时候，生命的面纱将被揭起，他们清楚地看到了生命，再也没有了害怕，没有了信念，如果你很伤心，他们可能会告诉你，不用担心，因为一切都好了。在想象中，请求这个人帮助你度过这段时期，告诉他，你爱他。

请不要因为他们在世的时候，你没能和他们在一起，或还做得不够好而自责，那样会使你越发伤心，许多人因此逃避现实，有的人想随之死去，有的人可能会对死亡产生恐惧。

请深入自己的内心，释放所有的感觉，当我们所爱的人去世了，我们会很伤心，就让自己伤心吧！找一个足够安静的地方把你的悲伤释放出来。如果你能花两三天的时间坐下来哭泣的话，悲伤和犯错的感觉不久将会消失。你还可以去看心理医生，或参加聚会，帮助自己找到安全感，把情绪释放出来。另外，我建议你自我暗示：“我爱你，我释放你，你自由了，我也自由了”。

我的研习班里有一位女士，她不能释放对婶婶的愤怒，因为婶婶得了重病，她害怕婶婶会离去，她害怕想起过去的一切，甚至不想和婶婶说话，她觉得快窒息了。我建议她去找心理治疗师，让心理治疗师一对一地治疗将会很有帮助。不管我们处在何种困境，寻求帮助将是“爱自己”的表现。

有各种各样的心理治疗师在这方面很有经验，不用很多时间，只用很短的时间，你就可以度过这段暗淡的时光，还可以参加一个社团，这方面的社团有很多，将会对你很有帮助。

理解伤痛

时间不断逝去，而我们还是不能减轻伤痛，伤痛可能是我们生命历程中微不足道的一部分，也可能是不可忍受的一部分。伤痛是什么呢？我们大部分人认为，伤痛是我们都想要摆脱的东西，让我们看看能从中学会什么，伤痛从何而来，它想告诉我们什么。

词典里，“伤痛”这个词的定义是：“因为身体受到伤害或混乱引起的伤心，不舒服的感觉，或情感、心灵产生的痛苦。”伤痛是由于身体和精神的疾病引起的，由此可以看出，我们的心灵和身体对伤痛很敏感。

有个很好的例子可以证明这点。最近，我看到两个小女孩在公园里玩，有一个刚举起手来要打另一个的胳膊，还没碰到，那个小孩就大叫：“啊！”第一个小孩问道：“你为什么要叫‘啊’？我还没打到你呢！”另一个很快回答：“我知道，肯定会很疼的。”从这个例子我们可以看出，因为预期的生理疼痛而产生了心理上的伤害。

很多事情会给我们带来伤痛，比如，刺伤、撞击、擦伤、生病、睡不着、被威胁、胃里难受、手臂或腿麻木，有时会很疼，有时疼得少一点，我们就是感到疼痛。这些疼痛大多是想告诉我们某些事，有时，这些提示非常明显，例如，上班时间出现胃里发酸，而不是在周末，这可能在暗示我们，需要换工作了。就像我们喝了一夜的酒以后，会感到很难受，而我们很清楚这种难受意味着什么。

我们要记住，人类的身体本身有很好的结构，只要出现异常，它都会发出信号告诉我们，就看我们是否愿意倾听。不幸的是，我们大部分人都不听，或没有时间听。

一般来说，疼痛是提醒我们身体已经出现异常的最后信号，说明我们的身体已经走出了正常的运行轨迹，无论我们做什么，身体都需要健康，如果我们伤害自己的身体，那将导致疾病。

当我们感到疼痛时，会做什么呢？通常会去翻药箱、去药店买药，这等于告诉自己的身体“停止，我不想再听你说什么”，身体就安静一点，随后身体又开始窃窃私语，这次，声音又大了一点，也许，我们又去找医生打针、开处方等。从某种程度上说，我们需要观察一下，到底发生了什么，因为某种疾病已经酝酿成熟。就算这样，有的人还是不愿倾听而甘受折磨，有的人意识到发生了什么，然后开始改变。没关系，每个人有不同的学习方法。

也许，倾听后你得到了一个很简单的答案：“请睡个好觉，一个星期7天晚上都不要出去，不要用工作惩罚自己。”请倾听身体的呼声，因为它真的想恢复健康，你的身体需要健康，你应该能和它合作获得健康！

当觉得疼痛或不舒服时，我会使自己安静下来，我相信，至高的力量会告诉我怎样改变生活，因此，我能摆脱疾病得以自由。这时，我想象美丽的自然风光，喜爱的花朵在身边盛开，温暖的空气轻轻地拂向我的脸颊，我能感受到、闻到空气的甜味，我集中注意力放松身体的每一块肌肉。

当我觉得完全放松了，我问内心的智慧：“我要怎样处理这个问题？我需要学会什么？我要对生命的哪些方面作调整？”然后任由所有答案蜂拥而至，我也许不会马上得到答案，但我知道，不久就会得到答案。我知道，不论作何种改变，对我来说都是合适的，不论发生什么，我都是安全的。

有时，你会感到困惑，我怎样才能改变？我该怎么办？孩子怎么办？我怎样才能还清这些债务？请坚信至高的力量，它会给你丰富、没有伤痛的生活。

我建议，请一步步改变，老子说过“千里之行，始于足下”，一点一点地改变才能带来大的变化，当你开始改变时，请记住，你不必在一夜之间消除伤痛，它也不会那么快消失，伤痛是经过一段时间形成的，因此，我们需要时间来消除伤痛。请不要用别人的进步来衡量你自己，你是独特的，你有自己的生活方式。请相信更高的自我，它将帮助你摆脱心灵和身体的伤痛！

原谅能使你走向自由

我总问我的病人："你觉得自己幸福吗？觉得自己正确吗？"每个人都会用自己的观点来判定自己的感觉，判定事物的"对"与"错"。我们希望惩罚别人，我们在自己心里一遍又一遍强调别人所做的事，用别人的错误惩罚自己，事实上，这种行为很愚蠢。

如果我们要释放过去，就要学会原谅，虽然我们不知道怎样原谅。原谅就是放弃所有的伤痛，让一切都成为过去，不原谅只会带来内心的毁灭。

无论你在走什么样的精神之路，你会发现，无论什么时候，原谅都是最重要的，特别是生病的时候，我们要环视四周，我们需要原谅谁？一般来说，我们认为永远都不会原谅的，才是最需要原谅的人，不原谅不会伤害到别人，却会给自己带来混乱，问题的关键不在别人，而在我们自己。

要摆脱怨恨和痛苦，首先要原谅自己，而不是别人。请自我暗示，你愿意原谅每一个人："我愿意让自己摆脱过去，我愿意原谅曾经伤害过我的每一个人，我也原谅自己曾经伤害过别人。"每当你想起伤害过你的人，请向他们献上爱，释放他们，然后清除这些思想。

如果我不原谅曾经伤害过我的人，就不会是今天这个样子了。我们不必用别人对我们的伤害来惩罚自己，我不是说这很容易，只是现在当我想起过去，我能说"哦，对了，这些事曾经发生过"，然而，这已经成为过去，这并不是忽视别人的行为。

如果你觉得有人侵犯了你，请记住，没人能夺走你的任何东西，如果它属于你，适当的时候会回来找你，如果没有回来，那说明不是你的，请接受现实，继续你的生活。

如果你要自由，请清除心里的愤恨，扔掉自怜，因为这些感觉将会使你变得无助，没有任何力量，如果你需要力量，请依靠自己的双脚站起来，面对一切。

给自己一点时间，闭上眼睛，想象面前有一条清澈的小溪，把过去痛苦的经历、伤害和不原谅都扔到水里，看着它们开始溶解，并顺流漂下，最后溶化消失。请尽可能多地作这样的想象。

这是恢复治疗，怜惜自己的时刻，请深入内心，感受你心中的力量，它会告诉应该怎么做，你有不可想象的能力，请挖掘你所不知的潜力，不只是治愈疾病，而且尽可能地全面恢复治疗自己，使自己达到最高的境界，接纳你的一切、接纳所有的经历，因为这是生命的一部分。

我喜欢爱玛努的一本书，其中有一段写得很好。

人们问爱玛努："我们怎样才能毫无痛苦地回应痛苦的经历呢？"

爱玛努的回答是："请把痛苦当作一个教训，而不是惩罚，请相信生活，我的朋友，无论生活走向何方，这样的路是必要的，丰富的经历能让你发现隐藏的真理和走错的路，使你找到回家的路和灵魂，让你的心灵更加朝气蓬勃、更加聪慧。"

只要我们能够明白

所有我们称之为问题的一切，都是成长和改变的机会

大部分问题源自我们的行为

我们需要改变自己的思维方式

清除怨恨

并愿意原谅

THE POWER IS WITHIN YOU

第三部分 爱自己

还记得你的最后一次爱情吗

你的心在膨胀

这种感觉真美妙

就像爱你自己

你永远不会离开自己

你对自己的爱

将伴随你的一生

请让爱永远伴随你吧

当你学会了原谅和释放

不但能为自己卸下沉重的包袱

还将为你开启爱自己的大门

第七章　如何爱自己

对于已经在学习“爱自己”和刚开始学习“爱自己”的人，我想介绍几个方法给你，我把它叫做十阶梯，多年来，我一直把十阶梯介绍给成千上万的人。

“爱自己”就像一次奇妙的探险，像开飞机一样令人激动，请想象一下，如果我们每个人都有足够的力量实现自己的梦想，那该有多激动人心啊！请从现在开始爱自己吧！

许多人因为在某种程度上缺乏自尊而感到痛苦，有人很难爱自己，因为他们觉得自己有所谓的缺点，要真正爱自己是不可能的，我们通常有条件地爱自己，对别人付出爱也是有条件的。我们总听说，一个人如果不先爱自己，就不会真正地爱别人，当我们看到了自己所创造的这些障碍时，应该怎么办呢？

爱自己的10个方法

1. 停止自责

这是最重要的，我在第五章中提到过这点，如果我们告诉自己，自己已经很好了，无论发生什么，我们就能轻松地改变生活。如果我们觉得自己不好，就很难改变什么。我们每个人都需要改变，每天都是新的一天，我们的力量能让我们调整生活。

在问题家庭里成长起来的人有高度的责任感，他们习惯于残酷地负面评价自己，他们在紧张和压力中成长，童年给他们的感觉是："我一定有什么异常。"请花点时间，想想你骂自己的话，有的人经常骂我"笨孩子、坏孩子、真没用、粗心、愚蠢、讨厌、没用、邋遢、肮脏"等等，你也用这些话骂过自己吗？

给自己创造"有价值"的感觉是很有必要的，当我们觉得自己不够好时，就会使自己总是处于不幸，给自己的身体制造疾病和疼痛，拒绝对自己有好处的东西，用食物、酗酒和毒品来伤害自己。

我们不会随时都有安全感，因为我们只是凡人，请别故作完美，那会给自己带来很大的压力，使我们看不到应该怎样治疗自己。相反，当我们看到了自己的创造性和个性时，我们将会赞赏自己的不同之处，每个人在这个世界上都扮演着独特的角色，如果我们自责，就意味着在隐藏自己。

2. 停止让自己感到恐惧

我们许多人总是喜欢吓自己，使得处境越发恶化，我们把一点小事想得很严重，总是期待生活的最坏，这是一种可怕的生活方式。

临睡之前，有多少人在想象事情的最坏呢？就像小孩子想象床底下有鬼一样，这就难怪你会失眠了。小时候，你需要父母的安慰，但是你已经长大了，你可以安慰自己。

病人也这样，他们经常作最坏打算，或者想如何准备自己的葬礼，他们丢弃了自己的力量，他们认为，自己的生命就剩下了一些医学数据。

有的人对友谊也有这样的思想，如果朋友不打电话来，就认为自己被拒绝和遗弃了。

工作也一样，如果有人对你的工作提意见，你就会认为，自己肯定要被解雇，你自己制造了这些麻痹性的思想，这些可怕的思想实际是一种消极的自我暗示。

如果你发现自己习惯性地在心里自我暗示不好的事，请用想象美好的事物来替代它，例如：美丽的风光、日落、鲜花、体育运动或其他你喜欢的事，每次当你发现你在吓自己的时候，请想象这些美好的画面，告诉自己“不，我不想这些东西了，我要想傍晚的日落、玫瑰花、美丽的巴黎、游艇或瀑布”等等。只要你不断地这样做，最后将会改掉这种习惯，当然，这需要练习。

3. 耐心呵护自己

沃林·阿诺曾经诙谐地写过一句话：“哦，亲爱的上帝，我祈求忍耐，我现在就需要它！”“忍耐”是个很重要的因素，当自己的愿望不能马上实现时，许多人就会觉得很痛苦，我们马上就想得到，我们没有耐心等待。当需要排队或等红灯时，我们也会很烦躁。我们需要答案，需要马上得到一切，我们经常因为自己的不忍耐，使别人的生活发生不幸，不忍耐就是拒绝学习，我们希望不学习或不经过必要的过程就得到答案。

请想想，你的心就像一块荒芜的园地，充满了自我憎恨的荆棘，绝望、愤怒、焦虑的石块，还有一棵叫做恐惧的老树要修剪。如果能把这些丑恶的东西清除了，土地将变得适宜撒种，你撒下一些种子，种下喜悦和成功的小树，阳光将照耀着这块园地，你浇水施肥，用爱和关怀照料着它，那将会多么美好！

一开始，也许会看不到太大的变化，但是请不要停止，请继续照料它，只要你有足够的耐心，你的小树将会茁壮成长，就像你的心一样，只要你选择光明的思想，并耐心地等待，你最终会得到自己想要的生活！

我们每个人都会犯错，学习过程中出现失误没有关系，许多人喜欢指责自己不够完美，如果在三分钟内不能完美地做好某件事，就认为自己不够好的话，那就等于不给自己机会。

学习任何事物都需要时间，刚开始的时候，通常感觉不会太好。为了使你理解我所说的，请花一点时间做个练习。请两只手握在一起，不管怎么握都可以，请观察，哪只手的大拇指在上，然后松开手，重新再握，让另一只手的大拇指在上，开始你可能会觉得有点怪，甚至做错了，现在再来一次，用第一种方法两手相握，然后再用第二种方法，第一种、第二种……感觉如何？没那么怪了吧！感觉不错吧！你已经开始习惯了，也许你两种方法都能学会。

同样的道理，当我们用一种新的方法做事时，刚开始会不习惯，然后就开始下结论了，请耐心一点，一切都将会变得自然，变得正常。我们不会在一天之内就完全学会爱自己，如果我们每天都能多爱自己一点，都给自己一点爱，两三个月后，我们会变得更加爱自己。

失误是必经之路，失误是件有价值的事，它是你的老师，请不要因为失误而惩罚自己。如果你愿意从失误中吸取教训，学会成长，最后失误将使你走向美好。

有的人一直以来都在调整自己，却总是不断遇到问题，我们需要加强所学的东西，而不是把手举在空中，排斥地说："这有什么用？"当我们学习一种新方法时，请对自己温和一点，请记得我刚才提过的园子，当有消极的杂草出现时，请尽快把它拔掉。

4. 善待自己的心灵

请不要因为有消极思想而厌恶自己，思想的出现是为了建设我们，而不是为了战胜我们，不必因为自己曾经痛苦的经历而自责，我们可以从这些经历中学习成长，呵护自己的心灵，抛弃犯错的感觉，抛弃指责、惩罚和所有的伤痛。

放松非常有用，它可以帮助我们感受到自己的力量，紧张和害怕只能封闭力量。只要每天花点时间，让身体和心灵放松，不论什么时候，你都可以深呼吸，闭上眼睛，把紧张释放出来。呼气的时候，请轻轻地对自己说“我爱你，一切都会好的”，然后，你会觉得多么宁静，你正在给自己制造新的思想，你没有必要紧张和恐惧地生活。

在每天默想时，我建议，请静下心来，倾听自己内心的智慧，今天的社会，让默想变得神秘，并很难成功。默想是最古老、最简单的方法，我们要做的是，放松自己，静静地自我暗示“爱”“宁静”等对我们有益的词语。OM是一种古老的声音，我经常在我的研习班里使用，它似乎很奏效。我们还可以和自己重复“我爱自己，我原谅自己，我得到了宽恕”，然后倾听内心的声音。

有的人认为，默想就要停止所有的思想，实际并不是这样，我们只能减慢思想的速度，让它处于飘浮的状态。有的人喜欢坐在垫子上，用铅笔记下消极思想，这样容易让消极思想消失。当我们达到一种状态，在这种状态下我们看到以下这些思想——“哦，这里有恐惧、愤怒，这里有爱，这里有灾难、遗弃，这里有幸福”时，请先别管它，我们正开始智慧地使用自己的力量。

在哪里默想都可以，请养成习惯，默想的时候，注意力集中在你身上至高的力量上，你正在连接内心的智慧，你可以根据自己的喜好，怎么做都行，有的人在慢跑或散步的时候默想。别因为自己使用了别的方法，就以为自己做错了。我喜欢跪在院子里挖土，对我来说这是最好的默想方式。

想象积极的画面也很重要，有很多你可以运用的技巧。卡尔·西蒙顿在《恢复自己》一书中为癌症患者介绍了许多想象的技巧，这些技巧富有成效。

想象能使你看到美好的、清晰的场景，帮助你自我暗示。许多人写信给我，说起自我暗示时想象的画面，我告诉他们，最重要的是，要和自己的特征相结合，不然就不会奏效。

例如，有一位患癌症的女士，她想象身体里的杀手细胞在和癌细胞作斗争，并杀死了癌细胞。随后，她开始怀疑，自己的方法到底对不对，为什么会没有效果呢？我问她：“你把自己想象成杀手吗？”我个人认为，在自己身上建立战场，会带来不良的感觉，我建议她，温和地作些调整，我想，如果想象太阳正在融化癌细胞，或者想象魔术师把癌细胞变没有了可能要好些。当我患癌症的时候，我想象，清凉的水洗去了身上所有的病菌。我们需要作一些不伤害潜意识的想象。

一直把生病的亲人或朋友看作病人是不好的，请想象，他们很健康，向他们献上美好的祝愿，请记住，他们是否能痊愈取决于他们自己，如果他们能够敞开自己，你可以送给他们一些教人想象和默想的录音带，不行的话，向他们献上爱就可以了。

每个人都能想象，想你的房子，想激动人心的性爱，想报复伤害你的人，真是奇妙，我们的心都可以做到。

5. 赞美自己

指责摧毁内在的灵魂，赞美可以塑造灵魂。请认识你的力量，我们是无限智慧的体现，如果你轻视自己，就是轻视创造你的力量，请从最小的事做起，告诉自己，你很棒。如果只试一次就放弃，那肯定没有效果，就算只能做一分钟，也请努力吧！如果你在学习新的事物，以前从未尝试过的，请相信我，你会越来越觉得轻松和容易，请为自己努力吧！

当我第一次在纽约的宗教科学教堂演讲时，我的心怦怦直跳，我记得很清楚，那是星期五下午，听演讲的人把问题写在纸上，装到篮子里交给我，我在台上逐一回答问题，并作相应治疗。一切结束后，我从台上下来，对自己说："露易丝，你第一次就做得那么好，你真棒，如果你再做6次，你肯定能成为专业人士。"我没有轻视自己说"哦，我又忘了说这说那"，我不想让自己在第二次演讲中紧张。

如果我第一次轻视自己，第二次也会轻视自己，那样我就会惧怕演讲。之后几个小时，我开始思考，需要在哪方面作些调整，我没有让自己有犯错的感觉，我小心翼翼地赞赏和祝贺自己的出色表现。从那以后，当我第六次演讲时，就已经很熟练了。我想，我们可以把这个方法运用到生活的每个方面。我经常在会上发言，这对培养我独立思考的能力很有好处。

不论你是否认为自己配得到，请让自己接受美好的事物。我们已经说过，不配得到的思想会使你拒绝美好的事物，不配得到的思想会阻止你得到想要的东西，当我们认为自己不配得到时，又怎能积极地对自己说话呢？

你觉得自己够好、够聪明、够高、够漂亮吗？你的存在是为了什么？你知道，你来到这个世界的目的，可不是为了几年换一辆新车。你需要怎样丰富你的生活？你愿意自我暗示、想象美好的事物，想恢复治疗自己吗？你愿意原谅吗？你愿意默想吗？为了改变你的生活，实现自己的理想，你付出了多少努力？

6. 帮助自己就是爱自己

寻找能够帮助你的朋友，你是个坚强的人，你可以在需要的时候寻求朋友的帮助，许多人总是很自信，不愿意寻求别人的帮助，因为自尊心不愿意这样做，与其自己努力了，又因为做不好而生自己的气，不如下次寻求一些帮助吧！

每个城市都有一些团体，“12阶梯”可以帮助人们解决各方面的问题。在有的地方，还有一些教会组织和治疗团体，如果你找不到自己需要的团体，你可以自己组织一个，这并不像你想象的那么可怕，三两个遇到同样问题的朋友聚在一起，共同寻找解决问题的办法。如果你用爱去做，你的小团体将会长大，并像磁铁一样吸引人们加入，别因为团体扩大后，聚会的场所不够大而担心，宇宙将会为你提供一切，如果你不知道怎么做，请写信到我的办公室，我们会给你一些建议，告诉你怎样组织团体，你们可以坚持并相互帮助。

在1985年，我在洛杉矶的家里开始组织“海瑞德”的时候，成员只有6个患艾滋病的男人，我们不知道该如何处理这种极度的危机，我告诉他们，我们不只是来坐着玩玩，我们要积极地彼此帮助，现在我们每个星期三晚上在西好莱坞公园都有聚会，会员达到了200人。

这是一个帮助艾滋病人的特殊组织，在那里，每个人都会得到很好的对待，许多来自世界各地的人来参观我们怎样工作，因为他们认为可以从这里得到帮助，不是从我这里，而是从我的团体，大家互相合作，一起默想和想象，我们一起分享治疗的资料和最新的治疗方法。人们可以在房间的后面一张桌子上躺下，其他人可以为躺下的人祷告或手拉手地分享医治的能量，我们可以和心灵科学老师交流，当聚会结束后，我们一起唱歌，相互拥抱，我们要让走出去的人比进来时感觉好，有时，这种积极的帮助能持续好几天。

这些团体是社会的新群体，成了解决当今混乱的有效工具。许多“新思想”的教堂，如宗教科学教堂，每个星期都有一些团体活动，这些团体的名单可以在一些新杂志和报纸上找到。相互交流非常重要，它能使你继续努力，我建议有同样问题的人聚在一起相互帮助。

当人们为了同一目标而聚在一起时，他们把自己的痛苦、混乱和愤怒带来，但不是为了诉苦，而是为了寻求摆脱和超越的办法，然后使自己成长。

如果你是个有奉献精神、很自律、有灵性的人，你可以靠自己获得成功，如果你能加入某个团体，将对你有更大的帮助，团体里每个人都可以做老师。因此，当遇到问题的时候，如果可能的话，我建议你加入一个适合你的团体。

7. 爱自己的缺点

缺点是你的一部分，就如同我们是上帝的一部分，创造我们的智慧，不会因为我们犯错而厌恶我们，或对我们的儿女发怒，他知道，我们已经做得最好了，他爱自己所创造的东西，就像我们爱自己一样。你和我都曾经犯过错，如果我们还在惩罚自己，那惩罚将成为习惯，让我们不能释放，也不能找到积极的解决办法。

如果你还在对自己说“我讨厌我的工作，讨厌我的家，讨厌我得的病，讨厌现在的友谊，讨厌这，讨厌那”，那么，就很少有美好的事物来到你身边。

不论你的处境多么糟糕，总是有原因的，不然你对生活就找不到解释。《爱你的疾病》一书的作者约翰·哈瑞桑说，生病的人不要因为自己生病或要手术了而感到自责，他们要祝贺自己找到了安全的治疗方法。不论出现任何问题，我们都可以解决，当我们认识到这点后，就能够找到实现自己理想的办法。

有时，癌症患者和其他恶性病患者很难对生活中的权威人士说“不”，他们就无意识地用制造疾病来说“不”。我认识一位女士，当她意识到，要治愈自己的病，就要拒绝父亲的要求时，她决心为自己而活，她开始对父亲说“不”，开始她觉得很困难，经过不断努力后，她成功了，并感觉不断好起来。

不论我们曾经有多消极，都可以用积极的办法来实现自己的理想。最重要的是，我们要问自己：“这些经历教会了我什么？我能从中吸取什么教训？”我们一般不喜欢回答这些问题，如果我们对自己诚实，深入自己的内心，就能得到答案。

也许你得到的答案是“爱人对我的关怀和照顾是短暂的”，既然你已经认识到了这点，就请试试其他能使你获得成功的办法。

在学习自我释放的过程中，幽默感是个强有力的工具，它能使我们度过紧张的岁月，在“海瑞德”里，我们会留一部分时间来讲笑话，有时我们会请来一位叫“幽默女人”的客人，她会使我们忍俊不禁。我们不用使自己一直处于紧张的状态。幽默感是个很好的治疗方法，我想介绍你看一些老喜剧片，特别是情绪很差时，比如罗林和哈迪等。

当我和病人面对面坐在一起时，我尽量让他们笑对自己的问题，其实，我们的生活就像滑稽戏和肥皂剧一样，我们处于恢复自己的轨迹上，幽默感能使我们站在更为广阔的角度看待生活。

8. 照顾自己的身体

身体是你暂时的栖身之地，是美妙的家园，我们是不是需要照料和爱护自己的家园呢？看看，你吸引了什么到自己身上，毒品和酒精最为常见，因为这两种东西是逃避问题的最常见的方法，如果你染上了毒品，并不意味着你不是好人，而是意味着，你还没找到更积极的办法满足自己的需要。

毒品会欺骗我们说“来吧，来找我，我们一起会很快乐”，确实，它会让你感觉好一点，却隐藏了事实的真相，虽然一开始你可能认识不到，最后你将会损失惨重。吸毒一段时期后，身体健康每况愈下，然后一直感觉很差，毒品影响到了免疫系统，使你的身体出现很多可怕的疾病，当然，由于不断吸食毒品，不久你就会上瘾，然后开始怀疑，是什么促使你第一次尝试的？也许是压力让你尝试毒品，但为什么会吸食上瘾呢？

我从没见过，爱自己却使自己染上毒品的人，我们用毒品和酒精逃避童年不好的感觉，过后，反而比以前感觉更差，甚至增加许多内疚。我们要知道，让自己有感觉并承认自己的感觉是安全的，并意识到，这些感觉都会消失，它们不会久留。

过量饮食也是一种拒绝自爱的表现。如果不吃食物，我们就无法存活，食物能给我们提供能量，制造出新的细胞。虽然我们了解基本的营养知识，却还用食物来惩罚自己，制造肥胖。

我们成了一个对垃圾食品上瘾的国家，几十年来，我们都在吃称之为“美国人的伟大食物”的各种加工食品，我们任由食品公司的迷惑左右我们的饮食习惯，现在，医学院里没有健康饮食的课程，而是把它当作课外的特殊教程。目前，医学界的治疗一般集中在药物和手术上，如果我们想了解营养知识，就得自己学习健康饮食的有关知识，关注自己饮食、了解饮食对身体的影响，这一切都能表现出我们爱自己的程度。

如果午饭后一小时就会觉得困，你该问：“我吃什么了？”也许，你是吃了对身体不好的东西。请注意观察，哪种食物能使你增加能量，哪种食物会让你没有能量。你可以通过实验不断总结对错，也可以咨询营养师，他可以帮你找到答案。

记得吗？有的东西对某个人合适，也许对另一个人就不合适了，每个人的身体状况都不一样。对许多人来说，长寿食谱是比较好的饮食方式，哈维和马里琳生命健康法也不错，它们是两种截然不同的理念，而两种方法都有效。我们每个人的身体状况不一样，因此，我们不能说哪种方法有效或无效，你需要寻找适合自己的方法。

请找到自己喜欢的锻炼方法，用积极的态度对待你的锻炼。很多时候，由于受到别人太多的影响，你在自己身上制造了许多障碍，如果你想改变，就要原谅自己，停止给自己带来愤怒和怨恨。请在锻炼的时候自我暗示积极的思想，那将会帮助你清除有关身体和体形的消极思想。

我们处于健康科技高速发展的时代，我们也在学习新旧科技结合运用，例如，古老的阿育威迪医学和声波相结合。我一直在研究，怎样用声音激发脑电波，加速我们的学习和治疗进程。有一项研究成果表明，我们可以从心理上改变DNA的结构来治病。我想，从现在到20世纪末，我们一定可以发现大量对人类有益的可能性。

9. 从镜子里看自己

我经常强调镜子的重要性，因为我们可以通过照镜子来找到不爱自己的原因，你可以用镜子来做许多练习，每天早晨我要做的第一件事是，对着镜子里的自己说：“我爱你，今天我要为你做点什么呢？我怎样才能使你幸福呢？”听听心里的声音，按你听到的声音去做，你可能什么也听不到，因为你已经习惯于骂自己，不知道该怎样回应积极思想了。

如果今天有什么不如意的事，请走到镜子面前说：“无论发生什么，我仍然爱你。”不论世事怎样变化，只有你对自己的爱不会变，这是生命中你拥有的最重要的东西。如果遇到了什么好事，请走到镜子面前说声“谢谢”，让自己知道，你为自己创造了美好的经历。

你还可以在镜子里学习“原谅”，原谅自己和别人。你可以在镜子里和别人对话，特别是当你害怕和他们直接对话时，你可以在镜子面前说出所有不敢说的话，清除一切和父母、上司、医生、孩子和爱人之间的不愉快，请注意一点，最后要向他们献上爱和接纳，因为那才是你真正需要的。

不能爱自己的人，往往是不知道原谅的人，因为“不原谅”是个障碍，当我们原谅并释放时，不光使自己卸下了沉重的包袱，还为“爱自己”打开了大门，然后我们会说“哦，我终于卸下了包袱”，我们当然会卸下包袱，因为我们不可能永远背负着它。约翰·哈瑞桑博士说过，原谅自己和父母并释放过去胜过任何一种抗生素。

小孩子很难不爱自己的父母，一旦他们真的不爱父母了，让他们学会原谅就更难了。当我们不原谅或不能释放时，就会把自己和过去捆绑在一起，并沉迷于过去，不能继续今天的生活，如果我们不能继续今天，又怎能为自己创造美好的明天呢？过去的痛苦只会为将来制造更多的痛苦。

在镜子面前自我暗示，对我们会有很大的帮助，因为你会看到真相。当你和自己说话时，如果你听到不好的回答“你在骗谁，那不会是真的，你不配得到”，这说明，你收到了一份有用的礼物。只有找到问题的根源，你才能改变自己。你得到的消极思想是走向自由的枷锁，请把这些消极思想变成积极的自我暗示，如：“现在，我应该得到美好的事物，我愿意让美好的经历进入我的生活。”一直这样自我暗示，直到把它变成你生活的一部分。

我曾经见过，有一个人通过“自我暗示”而改变了自己的家庭。“海瑞德”组织里许多人来自破裂的家庭，父母基本不和他们说话，我让他们自我暗示：“我和家里的每一个人有着很好的沟通和交流，包括我的母亲，我们之间充满了爱和温暖！”我建议他们，每当想起自己的家庭和家人，就站在镜子前一遍又一遍地自我暗示，真是奇妙，过了三个月、六个月或九个月后，他们竟然能带着父母来参加聚会了。

10. 请从现在开始爱自己

请不要再拖延了，“不满意自己”是一种习惯模式。如果你现在就能爱自己、接纳自己、对自己满意，当有美好的事物出现时，你就会觉得幸福，如果你学会了爱自己，就能爱和接纳别人。

我们不能改变别人，那就先不用管别人，我们不用花那么多力气来改变别人，如果我们把一半的力气花在自己身上，就可以改变自己，当我们改变了自己，别人就会对我们作出不同于以往的回应。

你不能替代别人，每个人都要学习特定的生活经历，你要做的是，学习你的经历，首先学习爱自己，然后别人的行为就不会使你感到失望。如果你现在遇到了消极的、不愿意改变自己的人，那么，你需要更多地爱自己，才能摆脱这样的人。

一次演讲中，有一位女士告诉我，她丈夫很消极，她不想让两个年幼的儿子受他的影响，我建议她，自我暗示丈夫很好，很优秀，乐于助人，他正在展现他最好的一面。我让她告诉自己，希望丈夫是什么样，每当丈夫有不好的表现，就自我暗示她所希望的。如果不论她怎么自我暗示，仍然是老样子的话，那她应该得到答案了，那就是他们的关系不成功。

由于美国的离婚率在上升，我想，女人在生孩子之前应该问自己：“我能独立抚养孩子吗？”现在单亲家庭越来越常见，而女方一般都要承担抚育孩子的重担。美国曾经有过婚姻稳固的时期，而现在时代变了，这是一个值得深思的现象。

一直以来，我们没有良好的人际关系，任由自己失望，我们的思想是：“我不应该得到爱，我将忍受这样的行为，因为我活该得到这种对待，肯定没有人需要我。”

我知道，我喜欢把什么都说得很简单，并且重重复复，但我真的相信，帮助我们解决问题的最好办法是：爱自己的一切，很奇妙，我们发出的爱的电波能吸引我们爱的人。

无条件的爱

是我们来到这个世界的目的

请从爱和接纳自己开始

你来到这个世界上不是为了取悦别人，不是要走别人的路

而是用自己的方式，走自己的路

你来是为了丰富自己，展现你最深层的爱，为了学习和成长

学会同情和理解

当你离开这个世界的时候，你不能带走各种人际关系、车子、存款或你的工作

你唯一能带走的只有爱

如果你不能接近身边的人

那是因为你不知道如何接近童真的自己

那个童真的你正在害怕和痛苦

请和他站在一起

第八章　爱童真的自我

我们要做的另外一件很重要的事是，照顾童真的自我，他已经被忽略很久了。不论你年龄多大了，你身上都有一个童真的自我，他需要爱和接纳。如果你是位女性，不论你有多自信，那个需要人关怀、温柔的小女孩就在你身上。如果你是个男人，不论你多么有男子汉气概，那个需要温暖和赞赏的小男孩就在你身上。

生命历程中的各个阶段将在你身上留下痕迹，留在潜意识和记忆中。当你还是孩子的时候，如果生活中出现什么差错，你会认为都是自己的错。孩子们会认为，只有做对了，才不会被打、被惩罚。

因此，当孩子的需要得不到满足时，他会相信“我不够好，不完美”，长大后就会拒绝自我。

现在，我们要接纳自己身上的一切，愚蠢的、可笑的、充满恐惧的、糊涂的、荒谬的等等。

我想，当我们5岁的时候，我们就开始向成人转变，因为我们认为自己一定有什么不正常，不用再做孩子了。

同时，我们身上还有作为父母的部分存在，有孩子和成人的两个部分存在，成人总是不停指责孩子，如果你注意聆听，你会听见叫骂声，他会说你做错了，你如何不好等等。

我们总是向自己开战，像父母指责我们一样指责自己“你真笨，你不好，做什么都不对，重来”，直到把这种指责变成习惯。当我们长大成人后，许多人都会忽略了那个童真的自己，像小时候所遭受的那样不断指责那个童真的自我，然后一遍又一遍地自我暗示这种指责。

作家约翰·柏莱德乔曾经写过几本很棒的书，教你如何治疗童真的自我。有一次，我听他说，我们每个人身上都有一段长达25000个小时来自父母的录音，你认为这些录音中有多少小时在说你很棒、你有多聪明、他们爱你、你可以做自己想做的事、你长大后可以成为伟大的人？而实际上，这些录音又有多少小时在用各种方式对你说“不、不”？

所以，就不奇怪了，我们总会对自己说“不，应该……”等等，我们正在回应过去的录音，而那些话只是录音，是你存在心里的录音，那不是真实的你，你可以洗掉它，也可以修正它。

每次当你说害怕的时候，实际上那是童真的你觉得害怕，因为大人没有帮助他，成人是不会害怕的，所以要调整成人和孩子的关系，和他们交流你在做的每一件事。我知道，这听起来似乎很荒谬，但却真的有效，请让那个童真的你知道，不论发生什么，你都不会抛弃他，你爱他，永远和他站在一起。

例如，小时候，狗可能给你带来过可怕的经历，你可能被咬或受到了惊吓，虽然你已经长大成人了，而那个童真的你还在怕狗，也许你偶然在路边遇到一只小狗，童真的你就会惊慌失措地大叫“狗，我肯定会被咬的”，这是个好机会，请让作为父母的你安慰他说：“没关系，现在我长大了，我会照顾你的，我不会让它伤害你，你不用再害怕了。”

医治过去的伤痛

我发现，医治童真的自我是件很有价值的事，它可以帮助我们医治过去的伤痛。我们经常不了解童真的自我的恐惧。如果你的童年充满了恐惧和暴力，你正在惩罚自己，那么，你在用别人对待你的方式对待童真的自我，那个童真的你将无路可逃，你要做的是，越过父母给你的局限，和那个迷路的童真的你交流，他想知道，你有多关心他。

请现在告诉他，你有多关心他，对他说："我爱你，关心你。"也许，你曾经和成人的你这样说过，现在，请和童真的你说这些话，然后想象，你带着他去旅行了几天，你们的旅行是多么精彩和愉快！

你需要这样的交流，你想听什么呢？请坐下，闭上眼睛，和他交流，如果你已经62年没有和他交流了，那可能要多花一些时间才能让他相信，你真的想和他交流，请不要泄气，请对他说"我想和你交流，我想看到你，我爱你"，然后，你就可以接近他，看到、感受到或听到他的声音。

你要和他说的第一句话是对不起，告诉他，你很难过，多年来一直没有和他交流，或指责他太久了，没有关心他，你想重新来过，问他，你怎样才能使他幸福，他在害怕什么，你要怎样帮助他，他需要你做什么。

先从简单的问题开始，随后你将会得到答案。"我要怎样才能使你幸福，今天你想要什么？"例如，你可以对童真的你说："我想去散步，你想做什么？"他可能会说："去海滩上玩。"这就是交流的开始，请坚持交流，如果你每天能花一点时间在他身上，你的生活将会有很大改观。

和童真的自我交流

也许，你已经准备要和童真的自我交流了，这方面的书有很多，此外还有很多座谈和培训，在书的最后我会列出一些书名，以便你查找阅读。

约翰·保罗三世的《做自己的父母》一书非常好，里面有许多练习。如果你真的认真，我建议你看看这本书，我之前也说过，你可以从很多地方寻求帮助，你不是一个人，你不是无助的，你可以走出去寻求帮助。

我还有另外一个建议，把你小时候的照片拿出来，看着它，你看到了一个充满绝望的孩子，还是看到了一个幸福的小孩？不管你看到了什么，请和他交流。如果你看到了一个恐惧的孩子，问问他为什么会害怕。请为他做点什么，让他好起来，多拿几张照片来，和照片里的孩子谈谈。

和他在镜子里交流也很有用，用小时候的名字叫他，准备一盒纸巾在手里，我建议你在镜子前坐下，开始和他交谈，因为，如果站着，你可能因为感觉不好而逃跑。

还有另一个办法，通过写来交流，这种方法会让你得到许多信息。用双色笔写出各种信息，用熟练的一只手写问题，另一只手写答案，让那个童真的你来回答，这个办法很有意思，当你开始写问题的时候，那个成人的你会认为他知道答案，如果你用不熟练的手拿起笔来，答案总是和期望的不一样。

你也可以画画，许多人小时候喜欢画水彩画，那时会有人告诉你不要画出线。现在请再画一次，用不熟练的一只手画出刚刚发生的事，观察你的感受，向童真的你提问题，让他用不熟练的手画出答案，看看他会告诉你什么。

你也可以与别人一起做这些练习，让那个童真的你画画，然后一起讨论你们看到的画，也许，你得到的答案会让你有许多深刻的领悟。

请和童真的你玩耍，让他做他喜欢做的事，你小时候最喜欢玩什么？你最后一次玩这种游戏是什么时候？我们身上那个父母般的自己总是阻止我们玩得开心，因为那不是大人玩的游戏。因此，花点时间和他做游戏，做那些儿童时代的游戏，如：从树叶堆上往下跳，在水雾中奔跑，看看其他小孩玩的游戏，会让你想起小时候玩过的游戏。

如果你想让生活充满乐趣，请和童真的你交流，让他自然地表现自我，我保证，你的生活会比从前更有乐趣。

小时候你受欢迎吗？父母为你的出生感到高兴吗？他们满意你的性别吗？他们希望你是另一种性别？你觉得他们需要你吗？父母庆祝你的出生了吗？无论答案是什么，请接受那个童真的你，和他一起庆贺，和他讲各种美丽的故事，那些专门讲给小孩子听的故事。

小时候你希望父母对你说什么？什么是你希望听到但他们没说的？没关系，请现在就和他说，请每天对着镜子和他说，坚持一个月，看看会有什么变化。

如果你的父母酗酒或喜欢骂人，你可以想象他们很温和、冷静，他们总是满足孩子的要求，想象你希望得到的生活，如果童真的你觉得安全了，幸福了，他就会信任你，问问他："我应该做什么才能让你相信我呢？"你可能会得到意想不到的答案。

如果你在父母身上根本看不到爱，那对你来说，要和他们交谈就很困难了。找一张看上去比较和蔼的父母的照片来，放在你小时候的照片旁，创造一些新的场景，如果有必要的话，重写你的童年。

童年的思想在你身上仍然存在，如果你父母是严厉的，你对自己也很严格，并在自我封闭，那么童真的你还会走父母的老路，如果你还在为每一次的失误指责自己，童真的你早上醒来会很害怕地说："他们今天还会说我什么呢？"

过去父母对我们所做的一切出自他们的潜意识，现在我们也是父母，也在运用自己的潜意识，如果你还在拒绝照顾那个童真的自己，沉迷于怨恨中，那意味着，你需要原谅，你是否还没有原谅自己？你需要释放什么？无论它是什么，请释放吧！

如果到现在为止，我们还不关注和赞赏那个童真的自己，就不要指责我们的父母，因为他们做了自己认为应该做的事。然而，现在我们已经知道，我们可以照顾心里那个童真的自己。

养宠物的人都知道，当你回家时，你的宠物会跑到门口和你打招呼，它不在乎你的打扮、年龄，你是否有皱纹或是否富有，它只在乎你的存在，它无条件地爱你，请像它一样爱你自己吧！请为自己的存在而喜悦，你是唯一能和自己过一生的人。如果你不爱那个童真的你，就很难让别人爱你，请无条件地接纳自己、敞开自己！

我发现，默想也会让那个童真的自己感到安全，因为我的童年遭遇了乱伦，所以我会为自己身上那个童真的小女孩创造一些美丽的场景。

首先，我想象，她有一位像仙女一样的母亲，长得就像她所喜爱的《澳大利亚男巫》中的碧丽·勃客。我知道，当我不和她在一起的时候，她一定是和她的仙女妈妈在一起了，她安全，居住在高高的屋顶阁楼里，有一个守卫和两只大狗，因此她知道，再也没有人能伤害她了。当我使她感到安全了，那个成人的我就可以帮助她释放痛苦了。

最近有一次，我哭了两个小时，因为我的生活出现一些异常，我意识到，那个童真的自己感觉突然受到了伤害，没有了安全感，我要告诉她，不是她坏或做错事了，这只是对所发生的一切的自然反应，然后我尽快自我暗示、默想，让自己知道，有一种至高的力量在帮助我、爱我，随后，那个童真的我不再感到害怕和孤独了。

我很喜欢玩具熊，玩具熊也一定是你的第一个朋友吧！它是你信任的朋友，因为你可以告诉它所有的烦恼或秘密，它不会背叛你，永远是你的朋友，请从柜子里把你的玩具熊拿出来，让它再次成为那个童真的你的朋友。

如果医院能在每张床上都放上玩具熊那该有多好！当童真的自我半夜感到害怕和孤独的时候，可以抱着小熊做伴。

爱少年时代的你

友谊和婚姻都是美妙的，而事实上，这些关系都是短暂的，只有你和自己的关系才是永久的、永恒的！请爱心里那个童真的你、青年的你还有那个父母般的你！爱你心里的所有家人！

请记住，你身上还有一个少年时代的自己，请接纳他，请和他交流，就像和那个童真的你交流一样，你少年时代有过多少挣扎，请用问童真的自己的问题问他，让他摆脱恐惧和忧虑，让他顺利度过那段时期，学会像爱童真的自己一样爱他。

我们只有学会爱和理解那个迷路的孩子，才能爱和接纳别人。那个迷路的孩子有多大了？他是三四岁，还是五岁？一般来说是五岁以下，因为那是他自我封闭的时候。

请爱他，和他携手一起建设美好的生活，请告诉他："我愿意学习爱你！我愿意！"宇宙的力量将会回应你，你将会找到医治他和自己的办法，如果你真的想医治自己，就要让自己有感觉，才能医治自己。请记住，只要我们努力，至高的力量随时会帮助我们！

不论你的童年怎样，好或坏，只有你才能对现在的生活负责，如果把时间浪费在指责父母或身边的事上，那只会让你沉迷于受害者的模式中，并且不能使你得到自己想要的生活。

爱是最好的清洗剂

爱能帮你洗去最痛苦的记忆

因为爱能越过一切

如果过去的景象是那么深刻

你一直在自我暗示：“都是他们的错”

那么，你只能沉迷其中

你需要幸福还是痛苦

出路和力量在你身上

看着自己的眼睛

向你和童真的你献上爱

如果你希望父母和你站在一起，请了解他们

第九章　你的成长

和父母交流

在我的成长过程中，少年时代的生活最为混乱，我有各种各样的问题，可我不想听那些自以为可以给我答案的人，特别是成人所给的答案，我要自己学习，因为我不相信他们所说的。

我憎恨我的父母，因为我总受到惩罚，我不明白，继父为什么要那样对我，为什么我的母亲能漠视他的行为。我觉得自己被欺骗了，没有人理解我，我认为整个家，甚至整个世界都在与我为敌。

自从为许多人，特别是青年人做了多年的咨询后，我发现，他们对父母的感觉和我一样，他们用同样一些词语来描绘自己的感受，例如：被算计、被评论、被监视、得不到理解等。

当然，如果父母不管什么境况下都能和我们在一起肯定是好事，而对大部分人来说，这是不可能的。虽然父母和我们一样只是普通人，但我们还是觉得他们不公平，没有道理，不理解我们。

有一位男青年对我说，他很难和父亲交谈，他觉得和父亲没有共同语言，每次和父亲说话时，他就会说出一些不好听的话，或表现出轻视。我问他，是否知道父亲从爷爷那里受到了什么样的教育？他承认不知道，因为爷爷在他出生以前就去世了。

我建议他，问问父亲童年的生活，了解童年对父亲的影响，开始他有点犹豫，因为他觉得和父亲交谈会让自己不舒服，他会有被嘲笑和被指责的感觉，最后，他还是决定试试。

第二次我见到他时，他看上去比上次舒服得多，他大叫："哇！我不知道他的童年是这样的！"爷爷让每个孩子都称呼他"先生"，还必须遵守一些陈旧的规矩，小孩子不准说话，如果谁敢说"不"就会被暴打，难怪父亲会这样。

当我们长大成人后，决心不像父母对自己一样对待儿女，要不了多久，由于受周围事物的影响，我们的行为又变得和父母一样了。

这个男青年的父亲，用他童年时代听到的话来教育儿子，他可能不是存心的，只是因为他受到过那样的教育。这位男士对父亲稍作了解，就能轻松地和父亲交流了，虽然要使他们之间的交流达到理想状态，还需要努力和耐心，但至少现在他们的关系已经有了改观。

我相信，对我们来说，花时间去了解父母的童年是很重要的。如果他们还活着，你可能会问："你是怎么成长的，你的家庭温暖吗？你父母会用什么方式惩罚你？你遇到了什么样的压力？你父母喜欢你的朋友吗？你长大后有工作吗？"

对父母了解越多，才能让我们看到父母成长的模式，我们才会理解，他们为什么会这样对待我们。同时，我们才会同情他们，用新的眼光看待他们，对他们付出更多的爱，可能会和他们交流得更多，关系更好，更加彼此尊重和信任。

如果你和父母交谈困难，请站在镜子前，想象你正在和他们交谈："我想和你们谈谈"，请练习几天，这样做能帮助你决定说什么，或应该怎样说。

或者在心里练习，想象你正在和他们交谈，解决一切问题，原谅他们，原谅你自己，告诉他们，你爱他们，然后准备和他们说这些话。

有一位男士告诉我，他的生活充满了愤怒，他不信任任何人，他总是有这样的感觉，一遍又一遍。后来我们找到问题的根源，他说，他愤怒父亲不是他希望的父亲。

在心灵之路上，我们不可能改变谁，我们要释放对父母压抑已久的感觉，原谅他们不是我们所希望的那样。我们总是希望别人和自己完全一样，有同样的思想、打扮，做同样的事，而你也知道，我们每个人都是不同的。

如果我们希望做自己想做的人，那也要让别人做他们想做的人，强迫父母做他们不想做的事，就是切断自己的爱。我们评判他们，就像他们评判我们一样，如果我们希望和父母交流，就要清除对他们的偏见。

许多人长大成人后还在和父母作斗争，就像在玩游戏，父母掌握了许多游戏的规则，如果你要停止，就要退出他们的游戏。你已经长大成人了，你知道自己需要什么？你可以从叫父母的名开始，在你40岁时还称呼父母“爸爸、妈妈”使你看起来像个孩子，让你们的关系像两个成人的关系一样，而不是像父母和小孩那样。

另外我建议，请写出你希望和父母有怎样的关系。先和自己说，过一段时间再和他们面对面地谈。如果他们还和你玩同样的游戏，你就不必告诉他们你的感受了。你有权过自己希望的生活，你有权长成大人，我知道，这也许会不容易。首先，你要想清楚自己需要什么。然后告诉父母，请别让他们误解，问他们：“我们应该怎样才能处理这一切？”

记住，理解能带来原谅，原谅最后才能导致爱。当我们能达到爱和原谅父母的境界，我们才能和生活中的每一个人保持良好的人际关系。

年轻人需要自我崇拜

我很震惊，现在青少年的自杀率在增高，看上去好像是因为他们软弱，对生命不负责，容易认输，不愿意奋斗，不愿尝试生活的各种经历，实际上，大部分问题出自我们的一些做法、成人对他们的期望。我们要求他们像我们一样，我们是否在向他们灌输消极的信息呢？

10~15岁的青少年正处于最危险的时期，这个阶段的孩子最容易随波逐流，他们做一切事只是为了得到同龄人的接纳，他们需要得到接纳，却隐藏了自己真实的感受，因为他们害怕真实的自己得不到爱与接纳。

从前，我所受的来自同辈和社会的压力比现代青少年的压力要小得多，即便如此，在我15岁的时候，因为不能忍受心理和生理的虐待，我辍学逃出了家门，开始独立。而现代青少年所面对的问题——毒品、暴力、性病、同伴的压力和帮派问题、家庭问题，从世界层面上来说，还有核战争、刑事犯罪和环境问题等等。

作为父母，你需要和孩子交流各种压力，我们从生到死都会遇到压力，我们要学会处理它，不让压力控制住我们。

还有最重要的一点，我们要弄清楚孩子为什么会害羞、顽皮、忧虑、反应慢、喜欢暴力等。家庭的思维模式和感情模式对孩子有很大的影响，他们以这些思想模式为基础，选择和判定外部的事物。如果家里没有爱和信任，他们就从其他地方寻求爱、信任和同情。组成团伙让他们感到安全，他们建立自己的家庭纽带，不论那有多么混乱。

我相信，我们可以避免这些问题，如果能让孩子在做什么之前问问自己"我这样做会让自己好起来吗"，我们就可以帮助他们找到各种问题的出路，这些出路和对生命的责任能找回他们的力量，能让他们摆脱自己是受害者的感觉。

如果我们能让孩子认识到，他们不是受害者，他们只要负起对生命的责任，就可以改变自己的生活，之后我们会看到他们惊人的进步。

特别是孩子进入青春期后，和他们坦诚交流很重要，当他们说，自己喜欢什么或不喜欢什么时，如果得到的回答总是"别这样说、别这样做、别这样认为、别、别……"，最后，他们将不再和我们说什么，或者选择离家出走。当年老时，如果你希望孩子待在你身边的话，就请在他们是少男或少女时，多和他们交流。

请赞赏他们的独特，让他们用自己的方式表现自我，虽然你认为那只是一时的潮流，请别让他们有犯错的感觉，或感到失望，神圣的力量知道这一切，我经历过生命的潮起潮落，你和你的孩子也一样。

我们是孩子的榜样

孩子不会按我们的吩咐去做事，而他们会学习我们的行为。我们不可以对他们说“别抽烟、别喝酒或别吸毒”，而自己却在做这些事，我们希望孩子怎样，就要先给他们树立榜样。当父母开始爱自己，我们会很奇妙地看到，整个家里出现了和谐，孩子们开始看到自己的价值并尊重自己。

你可以和孩子一起练习自尊，写下你们希望达到的目标，问问孩子，他希望三个月、一年或五年后自己是什么样，他希望有什么样的生活，要交什么样的朋友，怎样才能把这些目标变为现实。你自己也可以采取同样的办法。

你可以把它放在随时能看得到的地方，三个月后再回头看看这些计划，你的目标达到了吗？如果没有达到，请不要让孩子惩罚自己，他们可以重新调整目标，重要的是，让他们追求美好的事物。

分手和离婚

如果父母离婚了，父亲和母亲对孩子的关心是非常重要的，因为对孩子来说，总听父母一方说另一方的坏话是件很可怕的事。

作为父母，你要尽可能地爱自己，克服恐惧和愤怒，因为孩子会受你的影响。如果你在痛苦中挣扎，孩子也会受到影响，请和孩子解释，你的事和他无关，和他自身的价值也无关。

请不要让孩子觉得，这一切都是他的错，大部分孩子都会这样想，请告诉他，你爱他，永远和他在一起。

我建议，每天对着镜子练习和孩子谈话，自我暗示能帮助你轻松地度过艰难的时光，请用爱释放痛苦，并自我暗示美好的事物。

1987年，议员约翰·瓦空森罗建立了一个很棒的组织，叫做“加利福尼亚州促进自尊和社会责任特别工作委员会”，被任命的成员中有杰克·肯芬和艾美·敏勒博士。我很支持他们所作的一切努力，他们推动政府在学校推广自尊课程，其他州也在效仿他们，把自尊课程带进课堂。

我相信，我们的社会正在发生重大变化，因此，了解自我价值非常重要。如果老师们也能清楚这点，正确理解自我价值，他们就能很好地帮助孩子，教孩子们面对社会和经济的压力。我们要推广有效的练习自尊的方法，推广给学生、家长、老师、商人和各界人士。

悠然地变老

许多人都害怕衰老，我们认为，衰老就意味着失去了吸引力，是件很可怕的事，而衰老是自然规律，是生命的进程。如果我们不能接受童真的自我，不满意过去和现在的自己，又怎能接受将来的自己呢？

如果你不想变老，还有其他选择吗？难道要离开这个世界？在文化领域，我们创造了一样东西，我把它叫做“崇尚年轻主义”，我们爱某个年龄段的自己，那为什么我们老了就不能爱自己呢？我们最后都会经历生命的各个阶段。

每当想起衰老，许多女人就会很担心，同性恋也一样，他们担心失去青春和美丽。衰老意味着开始有皱纹、白头发、皮肤松弛。至于我，我想变老，因为这是生命的一部分，我们来到这个世界上是为了经历生命的各个阶段。

我知道，我们都不想变老和生病，请把这二者区分开来。请不要认为，死亡就必须经过疾病，对我来说，我不相信我们会因疾病而死。

相反，到应该离开这个世界的时候，我们的各种梦想都已经得到实现，我们可以在打盹的时候或睡梦中宁静地离开，我们不必因为疾病而死、不必用自己的身体尝试各种医疗器械、不必由别人护理、痛苦地躺在床上等死。如何健康生活的资料到处都是，别泄气，请从现在开始，到年老的时候，我们可以健康地享受丰富多彩的生活、继续我们的历险。

最近，我读了一篇很吸引人的文章，在旧金山的一所卫校，发现人的年纪不是根据基因解读，而是人的心里设有一个生物钟——年龄设定点，它监控着我们何时及如何开始变老。控制生物钟的重要因素是你对衰老的看法。例如，如果你相信35岁是中年的话，就会使生物钟发生变化，等你35岁时开始加速衰老的进程。很有意思吧？在生命的某个时候，通过某种形式，我们决定了什么是中年，什么算老年。你为自己设定了怎样的生物钟呢？对我来说，我想我96岁还会精神抖擞，那么，保持健康就很重要了。

也请记住，我们所做的将会回报到自己身上，你现在怎样对待老年人，当你变老的时候也会受到同样的对待，你的潜意识将会回应你的思想。我们的思想、信念、对生命的看法、对自己的看法都会变成现实。

记得吗？我说过，为了学习各种有价值的经历，你在出生以前就选择了自己的父母。你身上那个更高的自我知道，哪些经历对你的灵魂是必要的。因此，无论你在对父母作何种努力，坚持下去，无论他们说什么，做什么，或曾经说什么，做什么，你来到这个世界上是为了爱自己。

当你为人父母时，请让你的孩子爱自己，让他们积极、安全地表现自我，请记住，我们选择了自己的父母，同时我们的孩子也选择了我们，这是我们成长过程中需要学习的经历。

爱自己的父母能轻松地让孩子爱自己

当我们对自己有良好的感觉

就能让孩子看到自己的价值

我们越爱自己

就越能让孩子明白，爱自己是正确的

THE POWER IS WITHIN YOU

第四部分　发挥你的聪明才智

没有经过运用，并能改变和医治人的理论都是空谈

如果我们感到恐惧
那是我们想要控制一切
恐惧等于拒绝美好的事物
请相信生活
我们想要的一切就在眼前

第十章　迎接成功

我们身上的力量要立即送给我们最美丽的梦和丰富的生命，问题在于，我们没有敞开自己去接受。如果我们需要什么，至高的力量不会对我们说“我先想想”，它会立刻作出回应，并赐予我们，只要我们做好准备接受，否则，理想就只能变成不能实现的愿望。

许多来听演讲的人，坐下后总是双手抱在胸前，我在想：“他们这种姿势，是希望什么进入自己的生活呢？”张开双臂不是更漂亮吗？那会让我们的力量觉察出，我们敞开了自己，并回应我们。而对于许多人来说，这样做似乎让人害怕，他们害怕，敞开自己一定会招来不幸。结果就可能那样，除非他们改变自己会吸引灾难和不幸的思想。

当我们听到“成功”这个词时，许多人首先想到的是“钱”，然而，成功应该包括很多方面，例如：时间、爱、舒适、美丽、知识、人际关系、健康，当然还有钱。

如果你总是觉得自己忙，那是因为你没有足够的时间做自己想做的事，所以，你觉得没有时间。如果你觉得成功很遥远，你就不会得到成功。如果你觉得生活很累，那么你就会一直没有幸福感。如果你认为，自己什么都不知道，要改变是件很愚蠢的事，就不能连接宇宙的智慧。如果你觉得，自己缺乏爱，没有友谊，那么要让爱进入你的生命，就会变得很困难。

对于“美丽”而言，“美丽”到处都是，你感受到这个世界的美丽了吗，还是只看到了肮脏和丑恶？你的身体状况怎样？经常不舒服吗？你容易感冒吗，你经常被病痛折磨吗？最后，还有钱的问题，很多人告诉我，他们的钱总不够用，你想让自己有什么呢？你可能觉得，自己收入有限，那是谁限制了你的收入呢？

人们总喜欢说：“哦，我需要这样那样。”不论如何，成功富有取决于你让不让自己接受，如果你没有得到所想要的，从某种角度上说，是你不让自己接受，如果我们对生活吝啬，生活也会对我们吝啬，如果我们从生活偷走什么，生活也会从我们身上偷走什么。

对自己诚实

我们经常说到“诚实”这个词，而我们并不明白“诚实”的重要性，它和道德品质无关、和是否被抓进监狱无关，它反映了我们对自己的爱。

“诚实”的意义在于，我们对生活做了什么，它会回报到自己身上。因果关系随时存在，如果我们看不起别人或评论别人，那么我们也会得到相应的回报。如果我们老是发火，那就会总遇到愤怒的事，我们对自己的爱，会让我们的生活充满了爱。

请想象一下，如果你的家被盗了，你马上会认为自己是个受害者吗？你会想：“我家被盗了，是谁做了这样的事？”发生这样的事，你肯定不好受，而你想过没有，你怎么会导致了这样的事发生？

我们很少愿意接受，人们创造了自己的生活经历，人们要对此负责的事实。我们会轻易地指责身边的事，如果我们还不承认，周围的事对我们影响很小，一切都由心而起的话，我们的心灵就得不到成长。

当我听见，谁被偷或被抢了，我的第一反应是：“最近你偷过谁的东西吗？”如果他脸色怪异，那说明我说中要害了。当我们回想拿了别人的东西和自己的遭遇，把这两种经历结合起来，也许能让我们恍然大悟。

如果我们拿了不属于自己的东西，总会损失一些更有价值的东西，拿了别人的钱或物品，也许会让你损失友谊；抢了别人的友谊，也许会让你损失工作；如果从办公室拿了钢笔或邮票，也许会赶不上火车，或赶不上晚饭，损失使我们总是处于伤痛之中。

不幸的是，许多人喜欢偷大公司、酒楼或宾馆的东西。他们认为，这些地方很富有，有能力重新买，这些借口是没用的，因果报应，总会回报到我们身上，拿了，就会遭到损失，给予，就会得到，这是不变的真理。

在生活中，如果你损失了什么，或出现了什么异常，你是否需要想想，你是不是拿了别人的东西？有的人从来没有想过偷别人的东西，那么，有没有无意中占用了别人的时间或伤害了别人的自尊呢？每次当我们让别人产生犯错感时，其实就是偷了别人的自我价值。自省、自察才是真正的“诚实”。

如果我们拿了不属于自己的东西，这实际上是在暗示宇宙，我们不应该得到、不够好，我们也要被偷走某样东西、我们总是缺乏，我们要偷偷摸摸才能得到美好的事物，这样的思想会成为一个坚固的屏障，使我们得不到富裕和快乐。

这些消极思想并不是事实的真相，我们优秀，应该得到最好的东西。这个世界有充足的一切，只有正确的意识才能吸引美好的事物。我们的意识能改变我们说出的话、思想和行为。只有当我们清楚地认识到，思想能创造现实，才能通过现实，让自己知道，应该怎样改变生活。真正的诚实，源自爱自己，它使我们的生活变得轻松和顺利。

如果你去买东西，别人漏算了钱，你知道，那是因为你的良知在提醒你，如果回到家后，或两天后才知道，那是另外一回事了。

如果不诚实让你的生活混乱，那想想看，爱和诚实会给你带来什么呢？我们可以创造美好的生活、创造意想不到的奇迹。如果我们用无条件的爱、诚实的眼光看待自己，就会找到无穷的力量。我们用正确的意识所创造的东西，其价值远远胜过偷窃得来的钱财。

家是神圣的地方

每一样东西，都可以反映出你“配得到”的思想。看看你的家，那是你想居住的地方吗？它舒适、充满乐趣吗，还是充满了肮脏、拥挤和繁杂？你的车也一样，你喜欢它吗？这些东西，能反映出你对自己的爱。

你的衣着让你感觉不好吗？你要改变吗？穿着打扮反映了你对自己的感觉。而对自己的看法是可以改变的。

如果你在寻找新的居所，请敞开自己，找到适合你的住所，告诉自己，它在等着你。当我在洛杉矶寻找新的住所时，我简直不敢相信，到处都是那么可怕，我总是想，洛杉矶有许多漂亮的公寓，它在哪儿呢？

我花了六个月的时间，才找到自己需要的住所，它确实很棒，在我寻找期间，那里正在建设，我知道，它建成后正等着我呢！如果你正在寻找什么，而没有找到，那一定是有原因的。

如果你不喜欢现在的居所，要搬家，就请感谢你现在的家，感激它能为你遮风挡雨，如果你很难喜欢它，就找出一个你喜欢的地方，也许是卧室的某个角落。请不要说“哇，我真讨厌这幢丑陋的房子”，因为那样不会让你找到自己喜欢的东西。

爱你现在的家，这样能使你敞开自己接受更好的居所，如果家里凌乱，请打扫一下卫生吧！家能很好地反映自我。

良好的人际关系

我非常崇敬康涅狄格州的肿瘤专家柏尼·西岗博士，他写了一本书，叫做《爱，良药和奇迹》，柏尼·西岗博士从癌症患者身上学到了许多东西，我想和你分享他关于“无条件的爱”的论述：

“许多人，特别是癌症患者在成长过程中形成了这样的思想，他们相信，自己肯定有什么可怕的缺点，如果要得到爱，就必须隐藏这些缺点，一旦显露出真正的自我，他们就会觉得，自己将得不到爱、不可爱并将导致孤独。这种个性将阻止他们吐露自己内心最深处的感受，他们觉得自己的内心无尽空虚，希望找到某种东西来填补这种茫然的空虚，他们为爱设定了条件，希望因此得到回报，而这些思想又导致了更深的空虚，就这样无休止地恶性循环。”

我每次演讲完，都会给听众机会提问，人们经常问的一个问题就是：“怎样才能建立健康、稳固长久的关系？”

人际关系很重要，它反映了人们对自我的感觉，如果你觉得，不管发生什么都是自己的错，自己是受害者的话，那么，就是在吸引和这些思想一致的人际关系。

有一位女士告诉我，她和男朋友的关系曾经是充满爱和关怀的，可她还想考验他的爱，我问她：“你为什么要考验他的爱呢？”她回答，因为她不够爱自己，所以觉得自己不应该得到这份爱。因此我建议，让她张开双臂说“我愿意让爱进入我的心里，让爱进入是安全的”，我让她每天做三次，然后看着自己的眼睛说：“我配得到它，就算不配，我也愿意得到它。”

也许，你经常拒绝美好的事物，因为你不相信自己能够得到它。例如，你想要结婚，或拥有稳固的关系，你的恋人身上已经有四种品质是你希望的，你知道你找到了，而你还希望他再多一些好的品质，这取决于你相信自己应该得到多少爱，那么，你可能要交往一群人，才能遇到你真正需要的人。

同样，如果你相信，至高的力量就在你身旁，让真正可爱的人环绕着你，你所遇到的、所认识的每个人都会给你带来美好的事物，那么，一切都将成为现实。

相互依存的关系

你和爱人之间的关系，是最重要的人际关系。也许，你一直在寻找爱，这种到处找爱的状态并不能帮助你找到真正的爱，因为你需要爱的理由不清楚。我们可能会想“哦，只要有人爱我，我的生活就肯定会好起来”，其实，这样的思想并不可取。

我想给你另一个建议，请写下，你希望自己的伴侣有些什么品质，例如风趣、坦诚、容易沟通程度等，然后想想，这些要求能实现吗？这些标准能否用来要求自己？

缺乏爱和需要爱，二者有很大的差别。缺乏爱的意思是，你得不到别人的爱与接纳，当然，最重要的是，你得不到自己的爱和接纳，你们之间的关系处于不良的状态。

如果我们希望别人来充实我们的生活，那就是说，我们正在依靠别人，如果总想让别人来关心我们，那就是说，我们不想依靠自己。许多人来自破裂的家庭，在成长过程中都会遇到这个问题，我也一样，很久以来，我一直认为自己不够好，并到处寻找爱和接纳。

如果你总是在告诉别人应该做什么，那就是说，你想控制你和别人的关系。相反，如果你能努力改变自己内心的模式，实际上就是在为自己建设美好的生活。

站在镜子前，想想童年时代曾经影响你人际关系的消极思想，你觉得自己还在制造这样的思想吗？想想曾经有过的积极思想，它和消极思想一样也在影响你的生活吗？

告诉自己，这些消极的思想不再适合你了，用一些新的、积极的自我暗示来代替它。自我暗示一些好的东西，你可以写下这些新思想，贴在看得见的地方，请耐心，牢牢掌握住这些新的思想，就像你曾经抓住旧思想不放一样，因为在新思想没有扎根之前，我们经常会回到旧思想上。

请记住，如果你能实现自己的愿望，满足自己的需要，你将不再依靠别人或觉得缺乏，这一切，取决于你对自己的爱。如果你真的爱自己，你将会处于宁静、安全的状态，家庭关系和人际关系会像你希望的那样和谐，你会发现，自己对身边的事和人的反应将不同以往。以前你认为重要的事，现在也不重要了，你将脱胎换骨，成为全新的人，也许那个以前的你就从此消失。一开始，你对这一切变化会感到害怕，当然，还会觉得美妙、清新和兴奋。

如果你希望和别人交往，就请走出去接触人，没有人会突然出现在你家门口，到夜校学习或加入一些组织也是交朋友的好途径，将会使你遇见志同道合的人，很奇妙，你会很快交到新朋友。这个世界的每个城市有各种各样的社团和学习班，你需要自己去寻找，找到和你在同一生命轨迹上的人，将会对你大有益处。我建议你，自我暗示“我敞开自己，迎接各种美好的事物进入我的生命”，这比“我正在寻找新的伴侣”要好，请敞开自己并准备接受，宇宙的力量将会帮助你得到最美好的事物。

你会发现，当爱自己的花朵绽放，自尊和你所希望的各种改变将随之出现。爱并没有离你而去，爱就在你身上，你越充满爱，就越可爱。

对金钱的看法

害怕失去金钱的思想是从小形成的。我的研习班里有一位女士对我说，她的富翁父亲总是害怕破产，他生活在失去金钱的阴影中，所以，她在害怕得不到关心和照顾的阴影中成长，她对金钱的自由受到了束缚，因为父亲使全家人有犯错的感觉。她的一生有无数的钱，她需要抛弃的是，害怕得不到关心和照顾的思想，就算没有钱，她也可以照顾自己。

许多人的父母曾经在压力下成长，我们难免会受到某些思想的影响，如“我们可能会遭受贫穷，可能会找不到工作可能会失去房子，失去车”等等。

极少数孩子会回答“这真荒谬”，而大部孩子会说“对，你说得对”。

请列举父母对金钱的看法，你也有同样的思想吗？你需要抛弃父母的局限和恐惧，因为现在已经不同以往了，停止重复这些思想，请在你的脑海里改变这些画面，当有新的机会来临，不要回想过去的贫穷，请为自己建立一些新的思想，告诉自己，富有是件很平常的事，你会聪明地使用你的钱。

在某一段时期，我们会比别人有钱，这是很平常的事。如果我们相信，不论发生什么事，宇宙间有种力量会随时帮助我们，将来我们会更有钱，就能轻松地度过贫穷的日子。

金钱并不是答案，虽然许多人会想：如果有钱了，一切都会变得美好，就不会有任何问题和麻烦。事实上，金钱不是真正的答案。许多人拥有超过自己需要的金钱，但还是得不到幸福。

满足于自己所拥有的

有一位男士告诉我，当朋友送他礼物，而自己没有什么回赠时，他总有犯错的感觉。我告诉他，很多时候，这个宇宙要赐给我们所需要的东西，而我们也许会找不到回报的方法。

不管宇宙用什么方法满足你的需要，请对它表示感激。你也会有机会帮助别人，也许不是用钱，可能是用时间和同情，我们可能不知道，这些东西比金钱更有价值。

记得有人曾经给过我许多帮助，我当时无以回报，而多年以后，我有了机会去帮助别人。我们常常认为，人与人应该有交换，应该回报，如果有人请了我们吃午饭，我们也要马上请他们吃午饭，有人送我们礼物，我们就要立刻回送一份。

请学会用“谢谢”来接受，因为宇宙的力量知道，我们不用交换，也能得到某些东西，许多人的问题在于，能给予，却难接受。

如果有人送给你礼物，请微笑着说谢谢。如果你说“哦，这个颜色和大小我都不喜欢”，我保证，他不会再送你任何礼物了，请礼貌地接受礼物，就算你不需要，可以把它送给需要的人。

我们要满足于自己所拥有的，才能吸引更多美好的事物。如果总想着自己的缺乏，实际上就是在吸引“缺乏”。如果我们正背负债务，那就要原谅自己，不要指责自己，我们要想，这些债务很快就能还清，请不断这样告诉自己，并作相应的想象。

帮助经济上有困难的人，最好的办法是，教会他们在意识里创造财富，这才是长久之计，这比给他们钱要长久，我不是说，不要给谁钱，我的意思是，不要因为不给别人钱，而产生犯错的感觉。许多人喜欢说：“嗯，我应该帮助别人。”你也是人，你也应该得到财富。意识是最好的银行，当你在银行里存入了有价值的思想，那么，你将得到最好的收获。

奉献你收入的10%

吸引财富的另一个方法是，奉献你收入的10%，这是个由来已久的定律，我喜欢把它当作是对生命的回报，当我们奉献了，生活就会越来越成功，教堂需要你的奉献，这也是教堂的主要收入来源。近年来，奉献十分之一的原则还扩展到了奉献到使你获得精神食粮的地方，是谁或什么滋养了你，帮助你调整了生命，你就可以把钱奉献到那儿。如果你不想奉献给某人或教堂，也可以奉献给福利机构，它们会因为得到你的资助，而能帮助更多的人，请找一个适合你奉献的地方吧！

有的人喜欢说“要是有更多的钱，我就奉献十分之一”，当然，他们并没有奉献。如果你正想要奉献，就请从现在开始吧！你会看到祝福向你涌来。如果你想因此得到更多的回报，那么你错了，这应该是心甘情愿地给予，否则，就没有意义了。我觉得，生命真是厚待我，所以我也愉快地用各种方式回报生命。

这个世界上有着充足的一切在等着你，如果你能认识到，这个世界上有你花不完的钱，有你交不完的朋友，有你想象不到的快乐，那么，你将会得到你所需要和渴望的一切。

如果你正在追求最美好的事物

请相信你身上的力量

请对自己和身边的人诚实

不要欺骗任何人

因为一切都会回报到自己身上

无处不在的智慧总是在说“是”

当有美好的事情出现

请不要拒绝，对它说“是”

敞开自己接受美好的事物，大声说“是”

那么，成百倍的机会和成功将会到来

当我们展开内心的想象
眼界也将随之扩展

第十一章　表现你的创造性

工作体现了你的创造性

当有人问起我生活的目标，我会告诉他，工作就是我的目标。很不幸，许多人讨厌自己的工作，更为不幸的是，他们不知道自己需要什么。找到你生活的目标、找到你喜爱的工作，就是爱自己。

工作体现了你的创造性，因此，我们需要抛弃自己不够好，知识太少的思想，用自己喜欢的方式得到创造性的力量，不论做什么，只要是自己喜欢的，你都会获得成功。

如果你讨厌现在的工作、讨厌现在做的事，那么你会一直有这样的感觉，除非你改变内心的思想，如果你得到了一份新工作，却还有旧的思想，那么，你对新工作的感觉还会和以前一样。

许多人总是用消极的方式表达自己的需要，有一位女士，她很难用积极的方式表达自己的需要，她总是说“我不喜欢工作中出现这样的问题”或“我不想让这样的事发生”或“我不想让自己有这种不好的感觉”。你感觉到了吗？她并没有说，自己到底需要什么。我们需要清楚地表达出自己所要的。

有时，我们很难说出自己需要的东西，而说出不需要的东西却很容易。所以请想想，你希望从工作中得到什么呢？是否是以下的思想：

"我在工作中获得了很大的成功，我能帮助别人，我知道他们需要什么，我和爱我的人一起工作，我安全"或者"我的工作能使我自由地表现我的创造性，我从所爱的工作中得到了理想的回报"或者"从事这项工作，我充满了喜悦，我的工作充满了欢笑并带来富裕"。

请用现在时把你想要的东西表达出来，你将会得到它，如果不表达出来，你的一些思想和信念将导致你拒绝接受美好的事物。请列举你对工作的看法，当你看到这些消极思想时，你可能会感到很惊讶，只有改变了这些消极思想，你的工作才能获得成功。

如果你在做自己讨厌的工作，那就是在埋藏自己的潜能。想想你所需要的工作的特征，你得到一份自己想要的工作会有什么样的感觉？很清晰地想出自己需要的东西，这是最基本的，至高的力量将会帮助你找到合适的工作，如果你不知道，请努力去知道，请释放你内心的智慧！

通过学习心灵科学，我认识到，工作展现了我的生活，每次遇到问题的时候，我知道，这是成长的机会，创造我的力量已经赋予了我解决问题所需要的一切。一开始我会感到恐慌，后来静下心来，深入自己的内心，我会感谢这个机会，向我证明了神圣智慧的力量在我身上的运行。

在我的研习班里，有一位女士想当演员，而父母希望她学法律，她感到压力很大，因为身边的每一个人都让她学法律，她学了一个月之后就退学了，决定去学表演，因为那才是自己想做的事。

之后不久，她又开始觉得生活一片空白，她失望、伤心，并且不能释放这些感觉，她认为自己从一开始就大错特错了，并且害怕不能改变，也不能回到从前。

我问她："是谁让你有这样的感觉？"她回答，是父亲一直这样告诉她。

许多人都会遇到和这位女士同样的问题，她想当演员，而父母希望她学法律，她觉得内心很混乱，不知道该怎么办。她需要明白，那是父亲爱她的方式，如果成为律师，父亲就认为她安全了、有保障了，然而，那是父亲需要的，不是她所需要的。

实际上，她要做适合于自己的事，虽然那不是父亲的期望。我让她坐到镜子前，看着自己的眼睛说：“我爱你，我要帮你做你想做的事，我每天都在尽力帮你。”

我建议，请她花点时间聆听内心的声音，连接自己内心的智慧，并且认识到，她要让自己满意，而不是让别人满意，她可以爱父亲，也可以做自己想做的事，她有权利知道自我价值，可以做自己想做的事。她可以告诉父亲“我爱你，但我不想成为律师，我想当演员”等，做自己想做的事，对我们来说应该是个挑战，虽然关心我们的人不这样想，我们来到这个世界上并不是为了满足别人的期望。

当我们深信自己“不应该”时，就很难做成自己想做的事。如果别人对你说，你做不了，然后你也否定自我，那么，童真的自我也不相信他应该得到美好的事物，这又回到了爱自己，你需要学习和练习爱自己，让你对自己的爱一天比一天增多。

我想再次重复，请写下你对工作成功和失败的看法，找出消极的思想，让自己认识到，正是这些思想封闭了自己，你可能会发现，你有许多思想相信，自己该得到失败，请把每一个消极的思想变成积极的思想，在脑海里构想你所希望的工作。

你的收入来自四面八方

有多少人相信，拥有好的生活就要承担繁重的工作？特别是在美国，有一种工作道德观认为，要努力工作才是好人，此外还认为，工作就是做苦役。

我发现，如果你能做自己爱做的事，就能给自己带来丰厚的收入，如果你还在告诉自己“我讨厌这份工作”，那么就不会有任何成就。无论你在做什么，请向你的工作献上爱和积极的思想！如果你现在处于困境，请深入自己的内心，从中吸取教训吧！

有一位年轻的女士告诉我，她的思维模式能使她从各种途径获取财富，而朋友却批评她这种独特的吸引财富的能力，并认为，她应该努力工作赚钱。她说，朋友们也知道，她根本没有努力工作，随后她开始害怕，如果工作不沉重，她就不配得到这些钱。

其实，她一开始的意识是对的，她应该感谢自己，而不是感到害怕，她知道，不用挣扎奋斗也能富有，而朋友总会误导她，因为他们很努力地工作，却没有她那么多的钱。

当我伸出自己的双手去帮助身边的人，如果他们能紧握住我的手学习和成长，那当然很棒，如果他们努力要误导我，那我就要和他们说再见了，我需要真正想从淤泥中爬起来的人。

如果你的生活充满了爱与幸福，就别去听那些空虚失望的人告诉你应该怎样生活。如果你的生活美满、富有，就别去听贫穷和负债的人告诉你应该做什么。我们的父母经常告诉我们应该做什么，他们从艰难困苦中走来，他们正努力告诉我们应该怎样生活。许多人很担心经济问题，因为他们相信，是否能赚到钱取决于现在的经济，而经济总是时好时坏，因此，不管发生什么，或者谁会改变经济状况并不重要，我们不会因为经济而陷入困境，不管这个世界发生了什么，最重要的是你自己的思想。

如果你害怕会无家可归，问问自己："什么样的思想让我有这种感觉？我为什么觉得自己会被抛弃？我要怎样才能找到内心的宁静？"所有的生活经历反映了你内心的思想。

我经常自我暗示"我的收入在不断增加"，另外，我还喜欢自我暗示"我的收入比父母的收入多"。你有权让自己的收入高于父母，这也是必要的，因为现在物价比以前高得多。女性在这个问题上经历了许多的挣扎，她们认为自己的收入要高于父辈很难，她们需要超越自己不配得到的感觉，接受自己有权富有的事实。

工作是你能赚到钱的渠道之一，钱不是你工作的主要目的，钱可以来自四面八方，来自各种渠道，不管你的钱来自哪里，请愉快地接受它，就当是宇宙赐给你的礼物。

有一位年轻的女士抱怨说，她婆婆给孩子买各种各样她买不起的东西，我告诉她，是宇宙要让这个孩子得到各种美好的东西，而通过外婆作为渠道，然后她才开始高兴起来，并感激宇宙这种赐予的方式。

创造良好的同事关系

我们和同事的关系，就像和家人的关系一样，可能稳固，也有可能出现问题。

有一位女士问我："我是一个积极的人，我怎么能和那些消极的人共事呢？"

首先，我觉得很有意思，她说自己积极，为什么和她共事的人都消极呢？我很困惑，她为什么会吸引了不积极的人呢？也许她身上有自己都没有觉察到的消极。

我建议，请她相信，自己在一个充满和谐与快乐的地方工作，每个人互相尊重和欣赏，就像一家人一样。而不是总抱怨这个不好、那个不好，她需要自我暗示，自己在一个理想的地方工作着。

用这种方式，她可以帮助别人表现出自己身上最好的品质，内心的改变会让别人对她作出不同的回应，或者她将会找到一份自己理想的工作。

有一位男士告诉我，当他开始工作时，会有一种不可思议的感觉，他觉得自己的工作妙不可言，非常顺利，他所做的一切都是那么正确和令人满意。忽然间，他的工作每天不断出现失误，我问他，是否在害怕什么，这是不是童年时代就有的恐惧，是不是办公室有谁让他不满意，他是否在努力和别人搞好关系，这些人是否让他想起了自己的父母，在做其他工作时是否发生过这种情况。我觉得他正在用以前的思想制造混乱。他也认识到了，那是小时候的思维方式在作怪，小时候，他做错事就会遭到嘲讽，我建议，让他原谅自己的家人，告诉自己，现在自己很棒，和办公室每个人的关系都很好，人人都尊敬和赞赏他。

每当想起自己的同事，请不要认为“他们都不是好人”，每个人的身上都有各种各样的品质，请多想他们身上好的品质，尊重他们的友好，如果你能想他们好的方面，这些好的品质就会出现在你眼前。如果有谁和你讲消极的事，请别放在心上，你需要改变的是自己的意识，这些东西反映了你身上某些消极的东西，如果你真的改变了自己的意识，那么，那些消极的人就不会出现在你身边。虽然一开始你会觉得混乱，请告诉自己你希望看到的东西，然后愉快地接受它，并说谢谢。

有一位女士，她得到了自己热爱的工作，从各种工作经历中增长了许多见识，可她总是生病和伤害自己，她记得，小时候自己总是不舒服，因为那样她会得到爱和关心，长大成人后，她还保持着这种制造疾病的模式。

她需要学习的是，让自己用积极的方式得到爱与关怀。一旦工作中出现什么失误，她就会回到那个五岁时候的自己。因此，她需要照顾那个童真的自我，让自己有安全感并接受自己的力量。

竞争和比较是创造性思想的两个主要障碍。你是独一无二的，没有人能和你一样，那还有什么值得去竞争和比较的呢？“比较”会让你觉得比别人优越或不如别人，那是一种以自我为中心的局限性的思想，如果你希望通过比较让自己感觉好一点，那就是说别人不够好。如果你使别人变得低下，那你就会认为要抬高自己，这样就会被别人指责和评论。从某种程度上说，我们都喜欢比较，事实上，我们可以超越这些局限性思想，深入自己的内心，找到问题的症结，我们的心将会变得敞亮，我们可以驱除心中的黑暗。

我想再次重复，一切都在变化，以前对你来说是最好的东西现在不一定好了，为了改变和成长，你需要深入内心，倾听心灵深处的声音，它会告诉你，此时此刻什么对你是最合适的。

改变你的经营方式

几年前，我拥有了自己的出版社，我们回复所有来信和电话，处理眼前的事务，每天都有做不完的事。日子一天天过去了，随着业务的不断扩大，员工人数从为数很少的几个增加到二十多个。

我们有自己的企业精神，我们用“自我暗示”的方法开始和结束每一次会议。我们知道，多数企业之间存在竞争，它们之间互相挑毛病，而我们没有把力量浪费在这些事上，因为我们知道，那会加倍回报到自己身上。

我们意识到，如果要用这种观念经营企业，就不再受旧观念的影响，如果出现问题，我们将自我暗示，我们要改变。

我们还有一个隔音的“尖叫室”，员工可以大喊大叫来释放自己感觉，没有人能听得见你的叫声，员工们还可以在那里默想和休息，还有许多磁带，对我们来说，在艰难时期那简直成了天堂。

我还记得，有一段时间，我们的电脑系统出了问题，每天都会遇到麻烦，我相信，各种机器也反映了我们的潜意识。我想，我们把不好的信息传递给了电脑，我们总担心电脑出现问题。我们在电脑上输入：“早上好啊，今天你怎么样？我充满了爱，我一切正常，我爱你！”每天一打开电脑，这段话就会出现在屏幕上。真奇妙，之后电脑就不再出问题了。

有时，我们把办公室里发生的一些事称之为“灾难”，而我们需要看到它真实的一面，简单的生活经历总能教会我们一些道理。对我来说，每一次“灾难”到最后都教给了我一些好的经验，它们都使我的生活变得更好。

例如，最近我的荷豪斯出版社经营不太好，就像现在的经济一样，时好时坏，有一段时期，我们的销售一直下降，我们没有采取措施，几个月过去了，我们开始入不敷出，所有企业家都知道，这肯定不是好兆头，最后，似乎不采取“果断措施”，企业就要破产了。

采取“果断措施”就意味着解雇一半员工，这对我来说太难了，记得当我走进会议室，看到所有员工都聚集在那儿，我热泪盈眶，我知道，必须作出决断了，这对每一个人来说都很难，我相信，我所爱的每个员工不久都会找到更好的工作。他们果然都找到了，有的还自己开始经营企业，而且很成功。在那段灰暗的日子里，我常告诉自己，这些经历最后都会变成最好的事。

别人都认为情况会越来越糟，大家都在流传，荷豪斯出版社将要破产了，不光我认识的人这样说，全国都这样认为。我们的员工都很奇怪，为什么其他企业会知道出版社内部的经济情况？我们很开心，这些预言都没有成为现实。我们剩下的员工一起勒紧裤腰带，我们没有破产，裁员后的员工们携手共渡了难关，最重要的是我们从中学到了很多东西。

现在，荷豪斯出版社经营得比以往都好，员工们爱自己的工作，我也爱每一个员工。虽然我们工作辛苦，却没有人觉得工作繁重，我们出版了比以往更多的书，我们的各个领域都吸引着成功。

我相信，一切到最后都会变成好事，当我们身临其境的时候，要认识到这点却很困难。请想象一下工作中出现的不好的经历，也许你被开除了或被恋人抛弃了，请越过这些事，看得远一点，想象一下，难道这些经历没有带来许多好的结果吗？我曾听见有人说“对，我曾经有过悲惨的经历，如果没有这些经历，我可能就不会拥有这样……那样，就不会开始自己的生意……就不会知道我有这样的上瘾性习惯……或学会爱自己”等等。

请相信，神圣的智慧在用最好的方式使我们经历各种各样的生活，我们能够享受生命所赋予的一切，有好的和所谓不好的。请把这一切运用到你的工作中吧，看看会有怎样的改变。

作为企业家，你可以运用神圣的智慧来经营你的企业，和每一个员工交流，让他们用安全的方式释放自己对工作的感觉，这非常重要。请让办公室卫生清洁，井井有条，办公室的杂乱能反映出员工混乱的意识，环境的混乱又怎能使我们按时实现精神上的目标呢？你可以制定一些企业理念，在荷豪斯出版社，我们的目标是“建立一个安全的充满爱的世界”。请让神圣的智慧进入企业的各个领域，那么你将达到一切目标，最好的机会将降临到你身上。

我看到，许多企业开始改变，总有一天，企业将不再能依靠旧的竞争和冲突模式去经营，总有一天，我们每个人都会知道，这个世界为我们每个人预备了充足的一切，我们要互相祝福。各家公司都可以作出改变，让员工充分表现自我，为这个世界生产出有益的产品，提供良好的服务。

每个人都希望从工作中得到

除了钱以外的许多东西

他们要帮助世界并充实自己

人们造福地球的能力

将远远胜过对物质的需求

我们每个人都和宇宙相连和所有的生命相连

力量就在我们身上，为了扩展我们的意识

第十二章 可能性

如果你已经加入了这个行列，正在调整自己，我希望你更加努力。你无事可做了吗？你已经在坐享荣耀了吗？你在休息了吗？还是你也承认，我们一生都要训练自己的心灵，只要你开始了，就不会停下来？

爬到了高处，你可以停下来休息一会，而从根本上来说，训练心灵对你一生都很有价值。你可能会问自己：我还需要调整哪些方面？我需得到什么？我健康吗？我快乐吗？我富裕吗？我充满创造性了吗？我觉得安全了吗？我没有忧虑了吗？

过去的局限

我最喜欢用的一个词就是“可能”，这是在纽约的时候，从依瑞可・佩斯老师那里听说的，它让我的心灵超越了可能，超越了我小时候所认识的那种局限性的思想。

小时候，我不明白，为什么大人或朋友们遇到一点不愉快或失望就不断指责，有时，这些不愉快并不是真实的，我心甘情愿地接受了那些思想和信念，这些东西变成了对我的局限。也许，我并不笨、不傻，而那时我确实有那种感觉。

大部分人对生活的看法是从5岁时形成的，青年时期增加了一些，成人后也许增加了一点，但很少。如果你问，他们对某件事为什么会有这样的看法，他们就会回想起过去，回想起小时候对这些事的看法。

因此，我们都生活在5岁时的意识中，这些意识是受父母的影响形成的，我们现在还生活在这些局限性的意识中，就算世界上最好的父母也有局限，他们不可能什么都知道，我们做一些他们做过的事，说一些他们说过的话，如“你不能这样做”或“那肯定没用”等。而现在，我们不需要那些东西了，这对我们已经不重要了。

有些思想对我们可能有好处，它可以帮助我们更好地生活，如“过马路要左右看”或“蔬菜和水果对健康有益”。有的思想可能对小孩有好处，而当我们长大后就不合适了，如“别相信陌生人”，这对小孩来说是个好的建议，而对于成人，这样的思想会使我们处于孤立和寂寞。还好，我们可以随时改变这些思想。

如果我们总是说“我做不了，那没用，我钱不够或邻居们会怎么想呢”，这就是一种局限，特别是最后一句对我们影响最大。“邻居、同事、朋友或其他人会怎么想呢”，这是我们为自己找的最好的借口，我们不要做这件事了，因为他们都没做，他们不会接受这些事。现在社会在变化，他们的思想也在改变，因此，这些思想是毫无意义的。

如果有人对你说“没有人这样做过”，你可以回答“那又怎样呢”，做事的方法有成百上千种，请选择适合你的方法，许多人总是小看了自己：“哦，我身体不好”“我不够年轻”“我太老了”“我不够高”或“我性别不对”等。

你经常说最后这句吗？“因为我是女人，我做不了”或“因为我是男的，所以做不了”，灵魂没有性别之分，我相信，每个人在出生之前就选择了自己的性别，对性别的歧视不光是个毫无用处的借口，还会使你放弃你的力量。

局限常常会阻止我们认识和经历各种可能，例如“学识不够”，我们当中有多少人在用这样的思想来局限自己呢？请认识到，教育是由一群人设立的，他们在对人们说：“你们不能做这做那，除非按我们的方法去做。”我们要接受这种局限，还是超越它呢？这种思想跟随了我多年，因为我高中就辍了学，以前我喜欢说“哦，我学识不够，我不敢想，我找不到好工作，我做不好”等。

终于有一天，我发现，我的心里装满了这些局限，而且我知道，那不是事实。当我抛弃了这些思想，让自己认识到一切都有可能，我发现，我可以思想，我聪明，能和其他人交流，我发现了各种各样的可能，以前不可能的事现在都变得可能了。

对潜能的局限

有的人可能认为，自己什么都知道，这种思想会阻碍你的成长，使你学习不到新的事物，你相信有高于你的力量和智慧存在吗？还是你认为，你已经拥有了一切？如果你真的这样想，那说明你在害怕，因为你局限了自己的心灵，如果你承认，宇宙间有高于人类的力量存在，你是力量的一部分，那么一切都有可能。

有多少次，你允许自己陷入了目前的意识局限中，每次你说“我做不了”时，就等于在你面前放了一块停止的指示牌，你关闭了内心的智慧之门，心灵的力量之门。你需要超越今天的思想吗？每天醒来你都会带有某些局限性的思想，而你能超越它们，去学习更伟大的真理，之所以称之为学习，是因为这对你来说是全新的事物，你会发现，这一切很适合你，甚至比你以前知道的更好。

你是否观察过这个现象？当你整理衣柜时，会把不需要的衣服扔掉，把需要的堆在一起，然后把衣服放回去，摆放的顺序和从前完全不一样，能使你更容易找到需要的衣服，同时又为新衣服腾出空间。当你买了一件新衣服，如果放在没有整理过的衣柜里，就得和其他衣服挤在一起，如果你先清理一下衣柜，当我们买进新衣服时，就有空间摆放了。

同样的道理，我们也需要先清理我们的心灵，清除所有没用的东西，为新的可能性腾出空间，上帝与我们每个人同在，他能让一切都有可能！如果我们还有旧的思想，那将会成为我们的障碍。如果有谁病了你会说“哦，真可怜，他多痛苦啊”，还是你会看到真正的他，看到他的力量和可能性的存在，然后认识到，奇迹可以出现？

曾经有位男士很肯定地对我说，他认为，让一个成人改变是不可能的，他的生活充满了枯燥和各种疾病。他不断典当自己的物品，就是不愿意改变思想，因此和顾客讨价还价时，他绝不心慈手软，可以看出，他的境况非常艰难，因为他相信，自己不可能改变。我认为，他要做的是敞开自己的意识，迎接新的思想。

扩展我们的眼界

我们怎样才能看到一切都有可能呢？是什么限制了我们呢？恐惧是一种局限，当你害怕时，你会说“我做不了，没用的”，然后会发生什么呢？可怕的经历将会回来找你。评论也是一种局限，没有谁愿意被评论，那又是谁经常评论呢？我们用评论制造了局限，每次当你要指责或评论谁的时候，不论是多小的事，请提醒自己，它会回报到自己身上，你需要改变自己的思想，抛弃一切局限。

评论和提建议是有区别的，也许别人会请你帮忙作决定，实际上是想知道你的看法，你对某件事所持的观点，例如“如果是我，我不会那样做，如果是我，我会穿红色而不是蓝色”，如果你说别人穿蓝色是不对的，那就变成评论了。我们要区别对待“提建议”和“评论”，请记住，评论会让自己和别人觉得做错了，如果有谁征求你的意见，请别把它变成评论和指责。

同样，犯错的感觉也是一种局限，如果你伤害了谁，说完对不起后就别去伤害他了，请不要总有犯错的感觉，那样会让你经历不到美好，也看不到真正的自我。

如果你不愿意原谅，就是局限自己的成长，原谅能纠正灵魂深处的错误，让你学会理解而不是怨恨，学会同情而不是厌恶。

请把遇到的问题看作是成长的机会，当你遇到问题时，你只看到了自己局限性的思想吗？你会想：“哦，我真可怜，怎么会摊上这种事呢？”你不用知道境况会怎样得到改善，你只要坚信你身上的力量，远远高于你的力量，你需要自我暗示，一切都会好起来，这一切都会变成最好的，当你遇到问题的时候，如果你敞开自己，让自己知道，一切都有可能，就能发生不可思议的变化，甚至你想象不到的变化。

在生活中，我们可能会遇到一些不知如何处理的问题。我们好像被一面坚固的墙挡住，我们已经来到这里了，不管面临什么，都要克服，也许我们不明白，为什么会发生这样的事？而它已经发生了，我们越努力用宇宙的力量、唯一的智慧、真理和蕴藏在我们身上的力量来调整自己，就能更快认识到各种美好的可能。

集体的意识

抛弃具有局限性的思想和信念，从宇宙的角度看待生命，唤醒新的意识，这是最基本的。这个世界的意识出现了前所未有的快速发展，有一天，我看到了一幅很有趣的曲线图，展示了人类历史上各个体系的发展变化，上面显现，工业的发展已经远远超过了农业，大约在1950年，出现了信息产业，通信和电脑被运用得很广泛。

在这个信息时代，意识曲线的价值远远高于信息产业曲线，你知道这意味着什么吗？我去过许多地方，在每个地方我都能看到人们在努力学习，不管是澳大利亚、耶路撒冷、伦敦、巴黎还是阿姆斯特丹，都能看到许多人在努力寻找挖掘自己潜能的方法，他们对研究自己心灵的运行简直着了迷，他们用智慧掌控着自己的生命和生活。

我们正在进入新的心灵发展阶段，虽然还有宗教战争，但正在逐步淡化，我们开始用较高的意识彼此交流。柏林墙的倒塌、欧洲自由的开始是我们意识开放的例证，追求自由是人类与生俱来的本能，当每个人的意识都被唤醒后，集体的意识才能变得有影响力。

当你每次运用积极的意识时，就是在用意识连接和你一样的人，当运用消极的意识时，也是在连接消极的人。每次你默想时，就是在连接同样默想的人，当你在为自己思想美好的事物，也是在向别人献上美好的事物，当你在想象治愈自己时，就是在连接同样的人。

我们的目标是，扩展我们的思想，超越局限，我们的意识可以为这个世界创造奇迹。

可能性将把所有事物合为一体，包括我们的宇宙。你现在正在连接什么？偏见是恐惧的表现，如果你对别人有偏见，那就是在连接带有偏见的人，如果你开放自己的意识，努力学习无条件的爱，那么，你就是这个上升曲线中的一员，你希望被抛在后面，还是希望和这条曲线一起向上？

当这个世界出现危机时，有多少人为它送去了积极的能量并为它自我暗示，一切都会尽快好起来，会找到最好的解决办法。你需要用自己的意识为所有人创造丰盛与和谐，你释放了哪种能量？请不要指责和抱怨，你可以连接精神层面的力量，自我暗示最积极的结果。

你希望把自己的思想扩展到什么境界？你希望超越朋友的思想吗？如果朋友的思想是有局限性的，那么请换朋友吧！你希望达到何种境界？你希望把“我做不了”变为“我可以”吗？

每次当你听到“不可医治”时，请记住，那不是事实，请认识到，有至高的力量存在。“不可医治”对我来说，是医学上还没找到医治的方法，不是真的没有办法。我们要深入自己的内心，寻找医治的方法，我们可以越过那些医学数据，我们不是纸板上的数据，那只是某些人的研究结果，是一些局限性的思想。如果我们不为自己寻找可能，那就没有希望了。在华盛顿举行的艾滋病国际会议上，多南·帕楚塔博士说：

"迄今为止，我们还没发现哪种传染病能百分之百致命。"

在这个世界上的某些角落，有的人治愈了我们自己制造的每一种疾病，如果我们只接受灰暗的一面，那只能沉迷其中。我们需要采取积极的手段，找到答案，我们需要用我们身上的力量来医治自己。

我们的其他力量

据说，我们现在只使用了大脑功能的10%，只有10%，那剩下的90%用来做什么呢？我认为特异功能、心灵感应、千里眼、顺风耳都是正常和自然的事，只是我们愿不愿意让自己具备这种功能。我们总会为自己找到不愿意或不相信的理由。小孩子对这些最为敏感，不幸的是，大多数父母总会说"不要那样说，那只是想象"或"不要相信那种无聊、愚蠢的事"，这样，不可避免地封闭了小孩的这些能力。

我想，我们的心灵能够创造奇迹，我肯定，只要掌握方法，我不用乘飞机也能从纽约到洛杉矶，虽然我还不知道怎么做，而我知道有这种可能。

我认为，我们可以获得不可思议的成功，而我们却没有把知识运用到好的方面，而是用这些知识去伤害别人，如果我们能意识到，可以在无条件的爱中生活，就能使用那剩下90%的大脑功能。

火上行走

有谁听说过火上行走吗？当我问这个问题的时候，总有人会举起手来。我们都知道，在滚烫的炭火上行走而不被烫伤是不可能的，对吗？而有的人可以做到，他们不是什么奇人异士，他们和你我一样，是普通人，也许，他们就花了一个晚上的时间参加训练就学会这些本领。

我有一个朋友叫巴比·龙，他和癌症专家卡尔·西蒙顿博士在一起工作，他们举办了一个星期的有关癌症的培训班，期间，他们演示了火上行走，巴比自己就试了好几次，而且甚至背上还背着人。我想，癌症患者看到这一切，他们会觉得多不可思议啊！也许会使他们的心膨胀，然后，他们局限性的观念将会发生改变。

安东尼·罗宾是美国第一个尝试火上行走的人，我相信，这个年轻人所做的这一切是不同凡响的，他学习了神经语言学课程，通过观察一个人的行为模式，然后重复这个人的反应和行为来得到同样的结果。这个课程以米尔顿·依瑞可松博士的催眠术为基础，约翰·格瑞登和理查德·邦德勒通过系统观察和记录得来。当安东尼听说火上行走后，他想学习这项技能，并传授给别人。一位瑜伽修行者告诉他，火上行走需要花多年的时间来学习和默想，而通过神经语言学课程，安东尼只花了几个小时就学会了。他知道自己能做到，其他人也一样可以做到。他把这个方法传授给其他人，那不是因为它是令人激动的特异功能，而是想让人们知道，如何摆脱恐惧和局限。

一切都有可能

请和我一起说
我的生活中一切都有可能
不论我去到哪里
一切都是美好的
用片刻的时间思考，一切都美好，不是一点，而是一切
当你相信一切都有可能
就是敞开自己
为生活中的所有问题找到答案
是否让一切成为可能取决于我们自己

我们要封闭自己还是要打破壁垒
让自己感到安全
敞开自己，允许各种美好的事物进入生命
客观地看待自己
你的内心是什么样的
你有什么样的感觉
你有什么反应
你有什么样的信念
用不带偏见和指责的眼光看待它们
如果你能做到
一切都有可能

THE POWER IS WITHIN YOU

第五部分　释放过去

这个世界正在成为一体，开始拥有自我意识

有的人宁愿离开这个世界也不愿改变

第十三章　改变

一般来说，当说到改变，我们首先想到的是别人，对吗？这个“别人”包括：政府、大企业、老板、同事、国内收入署、外国人、学校、丈夫、妻子、母亲、父亲、孩子等，除了我们自己以外的所有人。我们希望，通过改变别人来改变自己的生活，实际上，改变要从我们自己开始。

“改变”是指从孤独、孤立、寂寞、愤怒、恐惧、痛苦中释放，得以自由。我们可以为自己创造充满安宁与幸福的生活，可以放松地享受生活的乐趣，我们可以肯定，一切都是美好的。我喜欢说：“生活是美妙的，在我的世界里，一切都是美好的，未来会越来越好。”我知道，不论走向何方，一切都是美好的，因此，不论处于何种处境，我都能享受生活。

有一位女士，她经历了许多的艰难困苦，在每次交谈中，她经常说“痛苦”这个词，她甚至问，有没有其他词可以代替“痛苦”。这让我想起了关窗时夹到手指头的感觉。我知道，如果我沉浸在痛苦中，必然会经历一段艰难的时光。所以，当遇到伤痛，我会立刻训练自己的心灵，那时我会想象，我的手指充满了各种感觉，这个办法可以帮助我尽快减轻痛楚，度过不愉快的时光。有时，如果我们对自己的思想稍作改变，就可以完全改变自己的处境。

请想想，改变就像打扫卫生，你一点一点地扫，最后，卫生总能打扫完，你没必要一下子全部做完，你一点一点地改变，不久就能感觉好起来。

新年那天，我去了史密斯的天使之城心灵科学教堂，他的一席话让我陷入了思考，他说：

“虽然现在是新年，可它不会因此而给你带来改变，这仅仅是新的一年，它不会改变你的生活。改变，取决于你是否愿意深入自己的内心，改变自我。”

人们经常在新的一年下定各种各样的决心，却因为没有改变内心，这些决心很快就消失了。有的人说“以后我再也不抽烟了”等，其实，这是一种消极的表达方式，你要清楚地告诉潜意识你需要什么，你可以说：“我对香烟的欲望已经全部消失，现在，我自由了。”

如果我们不改变自己的内心，不训练自己的心灵，我们的处境将不会发生任何改变，内心的改变其实非常容易，容易得让人难以置信，因为我们只用改变一样，那就是思想。

请想想，今年，你希望完成什么去年没完成的事，花一点时间想想这个问题，你需要释放什么去年没有释放的东西，你希望生活有什么变化，你愿意改变吗？

当你愿意改变时，你会得到许多能给你带来改变的信息，当你愿意改变时，宇宙的力量将开始帮助你，这是多么奇妙啊！它会给你所需要的东西，也许是一本书、一盘磁带、一位老师或朋友的一句话就对你产生了触动。

也许，你的处境在变好之前会更加恶化，没关系，因为改变已经开始，许多旧的心结正在解开，请顺其自然，不要觉得痛苦，也不要认为这一切努力都没用，请继续自我暗示美好的事物和新的思想。

改变需要行动

从决心改变的时刻开始，到看到改变，中间有一个过渡时期，你在“新”“旧”之间徘徊，在现实的自我和理想的自我之间徘徊，这是一个正常和自然的过程，我经常听到有人说“我全明白了”，我的问题是："你实践了吗？"知道怎么做和行动起来，这完全是两回事，你需要花时间使自己完全地改变，牢固地掌握住新的事物，你需要时刻努力。

例如，有的人自我暗示三次以后就停止了，然后就说没有效果，埋怨自己笨等等。我想，我们要给自己时间练习才能改变，改变需要行动，就像我之前说过的，你自我暗示后的行为是最重要的。

当你处于这个过渡时期时，请记得赞赏自己取得的每一点进步，如果你为退步而自责，那将会使"改变"成为一种压力。请尽一切力量使自己完成从"旧"到"新"的转变，请记住，那个童真的你随时安全。

作家杰拉尔德·振鹏奇曾说过，爱能使我们摆脱恐惧，爱和恐惧同时存在，如果没有发自内心的爱，我们将会处于恐惧之中，孤独、分离、愤怒、寂寞和犯错的感觉都属于恐惧综合症，我们需要抛弃恐惧，寻找爱，让爱永远伴随我们。

我们可以用许多方法改变，但不会用指责别人和自己来改变，你怎样才能让自己每天都感觉良好呢？你会做什么呢？你会怎样使自己感觉好起来呢？你怎样才能得到内心和周围的宁静呢？如果你还没开始，你愿意开始改变吗？你愿意创造内心的和谐与宁静吗？

另外需要问自己的问题是，我真的想改变吗？你因为没有得到而在抱怨吗？你希望建设更美好的生活吗？如果你真的愿意，就可以做到，只要你愿意行动，就可以改变自己的生命！我没有能力替你完成这一切，只有你自己才有力量完成，请牢记这一点。

请记住，内心的宁静使我们和世界上同样的人联系在一起，精神能在灵魂的层面上把所有人联系在一起，宇宙的力量正使我们的世界变得更加美好！

当我提到灵魂，说的不一定是宗教。宗教告诉我们，应该或怎样爱谁，谁有价值应该得到爱，对我来说，我们每个人都应该得到爱，每个人都是可爱的，我们的心灵能直接和至高的力量联系在一起，我们不需要有中间的桥梁来联系，心灵能把这个世界上的每个人都联系在一起，在灵魂的深处联系在一起。

你可以每天多次问自己："现在，我和什么样的人联系在一起？"请定期问自己："我对所发生的这一切有何看法？"然后稍作思考，再问自己："我有什么样的感觉？我要做别人让我做的事吗？我为什么要这样做？"请检查你的思想和感觉，诚实地看待自己，找出你真正的思想和感觉，不要失去对生活的控制，在一定的原则下生活："这是我的生活方式，这就是我的做事方法。"你为什么要那样做？如果这一切没有给你带来好的经历，那它们从何而来？这是从什么时候开始的？现在你已经知道应该做什么，请连接你内心的智慧。

压力是一种恐惧

每天，我们都会谈到压力，好像每个人都有许多压力，我们为自己找借口，总是说："我压力太大了，太紧张了，一切都那么紧张、紧张、紧张……"

对我来说，压力是害怕改变的反映，是我们不用为自己的感觉负责找的借口，如果我们像重视"恐惧"一样重视"压力"，就可以把压力从生活中清除。

下次当你感到有压力时，请问自己：什么使我感到害怕？"我怎么会背上这个沉重的负担，我为什么要丢掉自己的力量？"请找出使自己感到害怕的原因，是什么让你得不到内心的和谐与宁静？

压力是指失去了内心的和谐，内心的和谐就是宁静，压力与和谐不可能同时存在。当你处于宁静时，就不会受到干扰，当你感到有压力时，请释放恐惧，让自己在安全感中生活。请不要把"压力"作为借口，不要赋予"压力"这个小小的词语更大的力量，没有任何力量能超越你。

做自己喜欢的事

生活就像一扇扇正在开启和关闭的大门，你从这个房间走到那个房间，经历不同的事。我们都希望关闭充满消极模式和障碍等没有好处的大门，我们正在开启新的大门，追求美好的经历。

我想，我们来到这个世界上，是为了学习不同的生活经历，就像进学校一样，为了心灵的成长，我们在特定的时间里降生为人之前，就已经选择了自己要学习的经历。既然我们选择了要学习的经历，就选择了这些经历所需要的环境，包括我们的父母、性别、出生地和民族，如果你能够充分认识到这点，请相信我，你的选择是正确的。

在生活之路上，请提醒自己，你安全，这是最基本的。这仅仅是改变，为了心灵的成长，更高的自我将会带领你走最好的路，就像约瑟・康本说的那样："请做自己喜欢的事。"

请想象，你正在通往喜悦、宁静、医治、成功和爱的大门，正通往理解、同情、原谅和自由的大门，你看到了自我价值、自尊、爱自己，看到了永恒，你在一个又一个的经历之间循环，虽然你在这个世界的历程即将结束，这并不是结束，这是下一次历险的开始。

你不能强迫谁改变

却可以创造积极的精神氛围

如果他们愿意，才可能改变

你不能替谁改变

因为每个人来到这个世界上，是为了学习自己的经历

如果你在努力改变谁，不久他又会回到原来的样子

因为那不是自己学会的，他没有做自己需要做的事

请爱你的兄弟姐妹

让他们做自己想做的人

真理就在他们身上

他们可以在自己需要的时候改变

我们可以毁灭这个世界

也可以拯救这个世界

请为我们的世界献上

爱和力量

我们所作的努力将会改变这个世界

第十四章　充满爱的世界

我们的世界充满了变化，我们正在从“旧”变“新”，有的人说，我们现在进入了宝瓶宫时代，至少星相学家喜欢这样说。对我来说，占星、命理学、看手相和所有超自然的方法仅仅是解释生命的一种方法，它们用不同的方式来解释生命。

因此，星相学家说，我们正在从双鱼宫时代进入宝瓶宫时代，在双鱼宫时代，我们等着别人来拯救我们的生活，我们寻找别人来替我们完成这一切，可是，到了我们正在进入的宝瓶宫时代，人们开始深入自己的内心，并认识到我们有能力拯救自己。

如果我们把不需要的东西释放出去，不是更好吗？实际上，我也不能肯定，这个世界是否在我们不断增长的意识和知识中改变，各种蕴藏已久的问题开始浮出水面，例如：家庭问题、虐待儿童，还有我们这个危险的世界。

另外，我们先要了解才能改变，同样，我们要清扫自己的心灵，才能改变自己和我们的地球母亲。

我们开始把地球看作一个整体、一个有机体，它有生命、有呼吸、有自我，她的心脏在跳动、她滋养着她的孩子，她提供一切我们所需要的、她处于平衡之中。如果你花一天的时间在森林里，或自然界的其他地方，你会发现，这个世界的所有体系都在完美地运行，一切都那么和谐、平衡。

然而，我们身为伟大的人类，拥有充足的智慧，却在肆意破坏这个世界的和谐与平衡，人们变得无比贪婪、自以为是，用无知和贪婪破坏着这个有机的生命体系，而我们是这个生命体系中的一员，如果把这个地球毁了，人类将住哪儿呢？

我知道，当说到爱护地球，人们一想到现在面临的问题，就会觉得很沮丧，好像只凭某个人的力量，似乎不会对这个世界造成任何影响。事实并不是这样，如果每个人作出一点努力，就将汇成一股大的力量，也许，你不会立刻看到明显的效果，请相信我，我们的地球母亲能感觉到你所做的一切。

一次，我的艾滋病组织摆了一张小桌子卖书，装书的袋子不久就用完了，我把以前买东西的袋子找来，开始，我想，“哦，这下，够用到周末了”。事实上我错了，我眼睁睁地看着袋子全部用完了，我的一个员工也有同样的经历，他说，他都不知道一个星期要用多少袋子，后来他学会了节省。这让我们联想到，地球上有多少树木将被砍倒，就为了做袋子让我们用一两个小时，用完就扔掉，不信你看看，一个星期之内会收集到多少袋子，你会用掉多少袋子。

现在我为自己准备了一个买东西的布袋子，如果哪次买东西时忘了，我会找一个大袋子，把所有东西都装在一起，别人也没有因此要多看我两眼，因为这是合情合理的事情。

在欧洲，人们已经使用布袋子很长时间了，我的一个朋友从英国来看我，他很喜欢去超市，因为能带回许多纸袋子，他认为很时髦，是真正的美式风格，这也许只是一种传统习惯，而实际上我们应该思考，这些小小的传统对地球和环境造成的影响。

美国人特别在意包装，几年前，我去墨西哥当地的一个市场上买东西，我对那些未经修饰的蔬菜和水果简直着了迷，它们看上去是那么新鲜、自然，虽然外表上不如我们美国的漂亮。有的人却认为，那些东西看起来太可怕了，一点也不诱人。

市场上还有用敞口坛子装着卖的调料，我也很喜欢，因为那些小坛子看上去很艳丽。我的一个朋友却说，他绝对不会买这种敞开卖的调料，我问："为什么？"他说，因为不卫生。我再次问为什么时，得到的答案是，因为没有包装。我几乎要笑出声来，这些东西在包装之前是什么样呢？我们习惯于接受特定的事物，很难接受未经修饰和包装的物品。

请让我们稍作改变，为我们的环境做点事吧！只要买东西时使用布袋子，刷牙的时候关上水龙头，就是在帮助我们的世界了。

在我的办公室里，我们尽可能节约一切，我们的办公楼里，有一个专门收集废纸的工人，每个星期，他会把我们用过的纸张送到回收厂，我们使用旧信封，尽可能使用再生纸张印书，即使价格偏高，有时会买不到再生纸，而我们总告诉印刷厂，我们需要这种纸，只要有需求，印刷厂最终就会供给。这个办法可运用到很多方面，通过创造需求，我们可以用集体的力量，在各个领域帮助我们的地球。

在我的花园里，我只使用有机肥，自制混合肥料，没有一片莴苣叶或树叶会被浪费掉，我相信，出自大地的东西应该重新回归大地。许多朋友也帮我收集修剪下来的蔬菜，他们把它冰冻起来，来找我时，放到我的肥料坛里，我们把垃圾变成对地球有益的东西，滋养树木，因为我的回收再利用，我的花园总是硕果累累，非常美丽。

摄取对身体有益的食物

这个世界准备了我们身体所需要的一切，包括各种食物，从地球上摄取到的食物能让我们身体健康，因为那是大自然的一部分。然而，我们却用自己的智慧，制造出一些加工食品，然后困惑，为什么身体总得不到应该有的健康。许多人为了让自己大饱口福，一边说"对，我知道”，一边一块又一块地吃着含糖量很高的食物。上两代人的时候，当贝蒂·克拉克和克拉瑞斯·白德斯等推出第一种简易食品时，我们欢呼“哦，简易食品真棒”，于是新产品不断推出，接下来的几代人，甚至有的人从来没有尝过真正的天然食品，所有食物都经过加工，装进罐头、冰冻、经过化学处理，最后进微波炉。

最近，我听到报道说，现代士兵的免疫力已经不如20年前士兵的免疫力，如果我们不吃天然食品，又怎能期望长寿？药品、抽烟、酗酒和自我伤害是一方面，另一方面，我们创造了滋生疾病的环境。

最近，我遇到了一件很有趣的事，我参加了“负责司机”的培训，培训人员的年龄都在55周岁以上，可以领取自己3%~10%的汽车保险。我觉得很奇怪，我们花一早上的时间在谈论疾病，我们年老时可能会得的各种疾病、眼病、心脏病等，而到了午饭时间，90%的人都会跨过马路去最近的快餐店。

我们难道不知道，每天有1000人因吸烟而导致死亡，一年就是365000人，每年有500000人因癌症死亡，每年有上百万的人因心脏病死亡，100万！那为什么我们知道了还去吃快餐，而不关心自己的身体呢？

恢复自己和世界

艾滋病危机成了这个过渡时期的一个催化剂，艾滋病危机时期，人们表现了对艾滋病人极少的同情，而大部分是厌恶与偏见。我所希望看到的，我所想做的是，建设一个充满爱、安全的世界。

小时候，我们希望得到爱，不管我们是胖还是瘦、难看还是害羞。我们来到这个世界上是为了学习无条件的爱，先无条件地爱自己，然后无条件地爱别人。我们需要抛弃“他们”和“我们”之分，没有“他们”和“我们”，只有“我们”，没有哪群人应该被牺牲掉。

我们都有那个角落里那些人（艾滋病人）的名单，只要那个角落里还有一个人，我们都不可能真正过属于灵的生活。我们许多人成长在充满偏见的家庭，他们认为有偏见是很正常的，这群或那群人不好，我们为了证明自己更好，就要说别人不好，然而，当我们说别人不好时，实际上就是说我们也不够好，请记住，我们都像镜子一样在彼此映射。

记得有一次我受邀参加《奥帕拉·文复栏目》，我和5个很棒的艾滋病人一起参加了这个节目。晚饭之前，我们6个人聚在一起，这是一次不可思议的充满力量的聚会，当我们一起坐下共进晚餐时，我们充满了惊人的力量，我开始哭泣，这是我多年的挣扎与矛盾，我想告诉所有美国人，这些人还有希望，他们正在医治自己，这很不容易。虽然医生说，他们将会死掉，而他们还在试验各种办法，不管是正确的还是错误的方法，他们愿意敞开自己，超越自己的局限。

第二天，我们开始录音，那真是个很棒的节目，我很高兴，女艾滋病患者也参加了这个节目，我要让中部的美国人敞开自己，让他们认识到，艾滋病不光影响到那群他们不关心的患者，它还影响了我们每一个人。当我从镜头里出来的时候，奥帕拉向我走来，热情地拥抱着我，大叫："露易丝、露易丝、露易丝……"

我相信，通过那天的节目，我们传递了希望。我听柏尼·西岗博士说过，现在有许多人治愈了各种各样的癌症，因此，我们是有希望的，希望带来了可能性，与其说无能为力，我们不如试验一些方法。

艾滋病毒以它的方式存在着，它在发挥病毒的作用，当我听说，由于政府的工作力度和医疗水平跟不上，许多异性恋艾滋病人正在死去时，我的心几乎快碎了。人们认为，艾滋病是同性恋的病，所以没有引起足够的重视。还将有多少人死去，艾滋病才会被看作是一种普通病症呢？

我想，如果我们能够尽快抛弃偏见、解决危机，就可以尽快恢复我们的世界，如果我们还在让人们忍受痛苦，就不可能恢复这个世界。对我来说，艾滋病就是环境污染的一部分。你知道吗？加利福尼亚海滩上，每天有多少只海豚因为免疫系统缺陷而死去，我不相信，那是因为海豚的性交方式引起的。而是我们破坏了土地，土地上长不出适宜人吃的蔬菜，我们杀死了水里的鱼，污染了空气，所以天空降下了酸雨，臭氧层出现了大洞，我们还在污染自己的身体。

艾滋病是一种很可怕的疾病，而因艾滋病死亡的人数远远少于癌症、抽烟和心脏病的死亡人数。我们用毒性更大的药品来杀死我们制造的病菌，却不愿意改变自己的生活方式和饮食习惯。我们用药物来控制，用手术来除掉疾病，却没有真正治愈这些疾病。我们越要掩盖问题，就越出现问题。真不敢相信，医学手段对疾病的治疗只有10%的作用，这是事实，不管我们花多少钱吃药、放射、手术，对疾病只有10%的治疗作用。

我读过一篇文章，上面写道，21世纪，新细菌导致的疾病将会影响人类脆弱的免疫系统，这些细菌在发生变异，现在的药物对它毫无作用。显然，我们越能加强自己的免疫系统，就越能更快地恢复自己和世界，我指的不光是身体的免疫系统，还包括心灵和情绪的免疫系统。

我认为，治疗需要共同的努力，如果你希望医生治好你，他们可以帮你消除症状，但不能帮你解决真正的问题，恢复需要整体治疗，需要你的参与，你和医生，还有你的健康顾问是一个治疗的团队。整体医学的医生们不光医治你的身体，他们可以整体地医治你。

许多人，包括这个社会都会存有一种错误的思想。比如：有的人会说，他们家的人都会耳痛，有的人认为，淋雨就会感冒，一个冬天会感冒三次，办公室有人感冒了，其他人肯定也会感冒，因为感冒会传染。实际上，是我们的思想会传染。

有人说，许多病是遗传的，而我不那样认为，我认为那是继承了父母的思维模式，孩子会仿效父母的一切，包括疾病。如果父亲一生气就会绷紧结肠，孩子也会那样，难怪几年后父亲得肠炎，孩子也会得肠炎。大家都知道，癌症不会传染，那为什么同一个家族里各成员会有癌症呢？因为这个家族存在愤恨的思维模式，愤恨的感觉不断膨胀，最后导致癌症。

我们需要掌握各种知识，让自己有聪明的意识和明智的选择。有的东西可能会让我们感到害怕，那是觉醒的一部分，我们可以处理这些问题。这个宇宙的一切，包括受虐待的儿童、艾滋病患者、贫穷和无家可归的人都需要我们的爱，一个得到爱和赞赏的孩子，长大后将会坚强和自信。这个世界为每个生命准备了充足的一切，只要我们愿意，它会永远眷顾我们，请不要想过去曾经有过的局限。

让我们敞开自己，面对这个充满潜力、难以置信的年代，我们可以把接下来的10年作为恢复治疗的时期，我们有足够的力量清理我们的身体、心灵和我们制造的各种混乱。我们可以环顾四周需要关爱的事物，我们选择的生活方式对世界和未来将会产生巨大的影响。

为了一切最美好的事物

你可以用改变自己的方法来帮助世界，如果只帮助世界，没帮助自己，那将会产生不平衡，如果只帮助自己而没有帮助世界的话，也会产生不平衡。

因此，想想，我们怎样平衡自己和环境呢？我们知道，思想创造未来，我们不是完全生活在理论中，我们要掌握理论的根本。如果我们要改变当前的世界，就要先改变自己的思想。如果我们要改变周围的世界，就要改变对周围世界的看法，停止“他们”和“我们”之分。

如果把对这个世界的抱怨变成积极的自我暗示和想象，那么，你可以改变世界。请记住，当你每次思想时，就是在连接和你有同样思想的人。如果你评论指责或对别人存有偏见，也是在连接和你有同样思想的人，如果你在想象和平，想象爱自己和爱世界，那么也是在连接同样的人。你可以在家里，睡在床上，通过内心的宁静恢复治疗我们的世界。我听到联合国的罗伯特·素勒说过：“人类应该明白，我们应该得到和平。”他说得多么有道理！

如果我们能让年轻一代明白，这个世界上发生了什么，让他们明白自己可以做什么，然后，我们就能看到意识的真正转变。让孩子们知道，我们作出了努力，我们正在做很重要的工作，虽然许多成年人还没有意识到自己对世界的责任，我们也要让孩子们知道，有越来越多的人已经认识到了污染给我们带来的长期影响，并正在努力改变这种状况。加入一些生态环境保护组织，例如“绿色和平组织”或“拯救地球组织”将是一件很有意义的事，这样就能很快让孩子们知道，我们要对地球负责。

我推荐你读约翰·罗宾的一本书，叫《现代美国人的饮食》，我觉得很有意思，约翰·罗宾继承了巴斯金冰激凌家族事业，他正在尽力建立一个和谐完整的世界，原来破坏我们健康的人，他们的孩子现在回过头来帮助我们的世界。

一些志愿者组织也在帮助政府不能顾及的领域，如果政府不帮助治理我们的环境，我们不能坐视不管，我们要联合起来，尽自己的一份力量，寻找我们能帮得上忙的地方做志愿者，请一个月至少花一个小时来帮助世界。

我们现正处于一个转折点，我们可以帮助世界，也可以沉沦下去，这取决于我们个人和集体的力量，不是取决于别人。

我看到了许多过去、未来的科学技术正在和过去、现在和未来灵魂的真理结合起来，现在是应该结合的时候了。我们知道，暴戾的人在童年时期都遭遇了悲惨的经历，我们可以运用所掌握的知识和技术来改变他们，而不是发动战争来阻止暴力，或把他们扔到监狱里就忘了。相反，我们要让人们尊重自我、了解自我、爱自己。我们已经掌握了方法，只要我们加以运用。

我想和你分享拉萨瑞斯的一个很好的建议，你可以想出一个希望恢复和治疗的城市，不管它近在咫尺还是远在天边，你可以想象那里充满了幸福与和平，人们丰衣足食、和谐地生活在一起。请每天花一点时间作这样的想象。

请向你所做的一切献上爱

你很重要

请展示你的爱和天赋

改变这个美丽、脆弱的星球

我们称之为家的地方

一切就是这样

以前，我的歌唱得不好，现在也一样，只是比以前更有勇气了，我在我的研习班和组织里领唱，也许有一天我会去学习唱歌，虽然现在还没有去。

一次，当我领唱的时候，控制声乐的工作人员突然关掉了我的麦克风，我的助手约瑟夫·瓦提莫问道："你干什么？"他回答："她唱跑调了。"那让我非常尴尬。现在，对我来说，这已经不重要了，我的歌声是从心里发出，我的心一天比一天开放。

我的生命中有过一些很特别的经历，其中，让我的心更加开放的就是和艾滋病人一起工作的经历。三年前，我甚至不能正视这群人，而现在，我可以和他们拥抱了，我超越了曾经有过的种种局限，我为此得到的回报是，所到之处，人们献给了我无穷无尽的爱。

1987年10月，我和约瑟夫去华盛顿参加游行，呼吁政府帮助艾滋病人。我不知道有多少人了解"艾滋被子"，真是不可想象，来自世界各地的人们聚集在一起，用碎布缝成被子来纪念因艾滋病死去的人们，这些碎布是用爱来缝制的，来自世界各地的碎布缝成了一张巨大的被子。

当我们在华盛顿的时候，这些碎布被分成几个部分，在华盛顿和林肯纪念碑之间展示，早晨6时，我们开始念被子上的名字，我们一边念，人们一边把相应的碎布找出来，然后一块块接起来，你能想象，这是个充满感情的时刻，到处都是人们的哭泣声。

当我手里拿着名单正准备念的时候，我感觉有人拍了一下我的肩膀，并问道："我能问个问题吗？"我转过身去，站在我身后的这位年轻男士看到我胸前牌子上的名字，他大叫："露易丝·海，哦！上帝啊！"他泣不成声，扑到我肩膀上，我们拥抱着，他只是哭泣，当他终于缓过气的时候，他告诉我，他的爱人读过好几遍我的书，当爱人快去世的时候，请他缓慢地朗读我书里有关治疗的内容，爱人临终之前说的最后一句话是：“一切都是美好的。”

现在我站在这里，近在咫尺，我问他：“你想问我什么吗？”他的回答好像是，他没能为爱人及时准备碎布，他想把爱人的名字加在我的名单里，他碰巧遇到了我。我很清楚地记得这件事，这件事让我看到，生活其实很简单，重要的事也很简单。

我想和你分享爱美特·夫克思的一段话，他是20世纪四五十年代和60年代初期一个很著名的老师，写过几本很棒的书，我非常喜欢下面这段：

“没有爱战胜不了的困难、没有爱不能医治的疾病、没有爱打不开的大门、没有爱不能逾越的鸿沟、没有爱不能赎的罪，不管你陷入了多深的烦恼、不管有多绝望、不管有多难解的结、不管有多大的错误，爱都可以解决，只要你有足够的爱，你将成为这个世界上最快乐、最充满力量的人。”

这是事实，这听起来似乎很美好，但这是事实。你要做什么才能成为世界上最快乐、最有力量的人呢？我们内心的旅程才刚刚开始，我们才刚开始学习内心的力量，如果自我封闭，我们将不会感受到这种力量，我们越敞开自己，就越能找到宇宙的力量来帮助自己，我们可以取得伟大的成就！

请深呼吸，扩张你的胸部和心脏，继续练习，不久的将来你将会越过障碍，今天是你新的开始。

我爱你

露易丝·海

附录　用冥想重塑自我

当你处境艰难的时候，请坚信，你是生命的中心，请认识自己的勇气和超乎想象的能力！当你处境艰难的时候，请坚信，你是生命的中心，请认识自己的勇气和超乎想象的能力！当你处境艰难的时候，请坚信，你是生命的中心，请认识自己的勇气和超乎想象的能力！当你处境艰难的时候，请坚信，你是生命的中心，请认识自己的勇气和超乎想象的能力！

在我的研习班和支持组织里，我们培训结束后所做的恢复治疗效果非常好，我们分为每3个人一个小组，3个人手拉着手一起训练。这个办法很棒，它能让不愿意开口寻求帮助的人得到和分享彼此的力量，经常还能深刻领悟到很多东西。

我想向大家介绍在治疗课程中使用的一些方法，比如，这一个部分提到的各种冥想方法。冥想是一种简单又行之有效的心理疗法。你不必马上领会它的意思，你只要一点一点地读下去并坚信它的存在，你就会发现你完全放松、远离喧嚣并走入一个世外桃源里，感受纯真的爱。

我想只要不断地努力练习，不论是自己，还是和大家一起训练都是件好事。

接触童真的自我

请看到那个童真的自我，你能看到他的表情，知道他的感觉。请让他觉得幸福，对他说，对不起，你很难过，一直以来忽略了他，你现在愿意弥补，你保证，今后再也不离开他了。当他需要你的时候，你会在他身边，如果他害怕了，你会安慰他，如果他生气了，他可以发泄出来，告诉他，你爱他。

你有力量建设你和童真的自我所希望的世界，你的心灵和思想都充满了力量，你看到自己正在建设一个清新明亮的世界，你看到童真的你放松、安全、宁静、快乐，充满了笑声，和小朋友一起玩耍，自由地奔跑，在花丛中，拥抱着树，从树上摘下一个苹果，愉快地吃苹果，和小狗或小猫一起玩耍，充满了幸福的笑声，跑过来和你拥抱。

你看到你们两个人健康地生活在一个美丽、安全的地方，和父母、朋友、同事相处融洽，得到所有人的接纳，充满了美妙的爱，请看到你希望居住的地方，你希望得到的工作，看到自己很健康、非常健康，快乐和自由，一切就是这样！

健康的世界

请想象，这个世界适宜人类居住，你看到所有病人都得到了康复，流浪者得到了关怀与照料，疾病成为过去，医院变成了人们的居所，监狱里的人学会了爱自己，得到了释放，成为有责任心的公民，教堂停止了宣讲罪与错，政府真正地关心人民！

感受室外清凉的雨滴，雨后出现了彩虹，阳光照耀，空气清新，河水清澈透亮，微波粼粼，绿树成荫，鲜花盛开，到处是植物、水果和蔬菜。人们摆脱疾病得以自由，疾病成为记忆。

所有国家都充满了和平与富裕，人们放下了枪支，充满了和谐。指责、评论和偏见成为过去，取消了国界，我们合为一体，大地母亲和世界得到了恢复和治疗。

现在，你正在建设这个新的世界，只要用你的心想象这一切，

你有力量，你很重要，请走出去，尽一切努力把这一切变为现实，

上帝祝福我们，一切就是这样！

接受童真的自我

请把你的手放在胸前，闭上眼睛，不光让自己看到那个童真的自我，让自己做那个童真的你，你降生到这个世界上，进入父母的生活，他们对你说：

我们很高兴你的到来，我们在等着你，我们希望你成为这个家庭的一员，你是那么重要，我们很高兴你是个可爱的小男孩（或小女孩），我们爱你的特别之处，如果没有你，这个家将会不完整，我们爱你，拥抱着你，让你长大成为你想做的人，你不必成为我们，你可以做你自己，你聪明、美丽、充满创造性，你的出生让我们充满了幸福，我们对你的爱超过世界上的一切，我们要感谢你选择了这个家，我们祝福你，你是我们的福气，我们爱你，真的爱你！

让那个童真的你知道这些事实，每天和自己说这些的话，你可以坐在镜子面前说，也可以对你的朋友说这些话。

请和自己说你希望父母说的话，那个童真的你希望得到爱与接纳，不论你老了、生病了还是害怕了，他都希望得到爱，请经常对他说“我需要你，我爱你”，对你来说，这就是真理，上帝希望你在这里，这是你来到这个世界的理由，你永远充满了爱、得到爱，你的生活从此充满了快乐，一切就是这样！

爱就是医治

爱是最有力的医治力量，我向爱敞开，我愿意爱和被爱，我看到自己成功、健康，充满了创造性，居住在一个安全和宁静的地方。

请向你认识的每一个人献上爱、接纳、支持和美好，你可以肯定，如果你向他们献上这些美好的事物，你也将会得到同样的回报。

用爱包围你的家人，不论他们是否还在世，还有你的同事、朋友和过去认识的每一个人，每一个你需要原谅，却不知道该怎样原谅的人。

请向每一个艾滋病和癌症患者献上爱，向朋友、爱人、疗养院的工作人员、医生、护士、心理治疗师献上爱，看到艾滋病和癌症的终结，心里看到一个标题上写道："治疗癌症和艾滋病的方法找到了。"

带领自己进入爱的轨迹，原谅自己，告诉自己，你和父母相处融洽，充满了尊重和关怀。

让爱的轨迹遍及世界的每个角落，敞开你的心，为自己找到无条件的爱，看到每个人的生活充满了尊严、和平和喜悦。

你应该得到爱，你美丽、充满了力量，你敞开了自己接受所有美好的事物，一切就是这样！

爱的轨迹

看到你站在一个安全的地方，卸下所有的负担、痛苦、伤痛、恐惧、旧的模式和上瘾性习惯，看着它们离你而去。请想象，你站在一个安全的地方，张开双臂说："我敞开自己，接受……"请告诉自己，你需要什么，不是你不需要的，而是你真正想要的东西，请相信，那可以成为现实，看到自己健康、宁静、成为一体，看到你充满了爱！

我们唯一需要的是，改变生命，在这个世界上，我们可以处于恨的轨迹，也可以选择爱和医治的轨迹。我选择爱的轨迹，我知道，每个人的选择都会和我一样，我们希望用充满创造性的方式展现自我、希望幸福和安全！

就站在这里，请感觉，你和其他人联系在了一起，让爱从这颗心流向那颗心，当你献出爱时，请记住，它会加倍地回报到你身上。"我向每一个人献上令人愉悦的思想，并且我知道，这些思想一定会回到我身上"，看到世界变成了一个无比光明的球体，一切就是这样！

亮光出现了

坐在伙伴的对面，握住他的手，你们在对视，深深地吸一口气，释放你的恐惧，再吸一口气，释放指责，你和他在一起，你在他身上看到的映射了你自己，映射了你身上的特征。

没关系，我们是一体，我们同呼吸、饮同样的水，我们都吃这个地球上的食物，我们有同样的渴望，我们每个人都需要健康的身体、希望爱与被爱，我们希望快乐、和平，我们希望富有和丰盛的生命。

请用爱看他，你愿意得到爱的回报，你知道你安全，看着你的伙伴，祝福他健康、拥有充满爱的人际关系，不管去到哪里，都被爱包围着，祝福他富有、安全、拥有舒适的生活，请记住，你的祝福将会加倍回报到你身上，因此，请向他献上最好的祝福，他应该得到这些美好的事物，你看到他愿意接受这一切，一切就是这样！

分享治疗的力量

握住你的双手，和你眼前这个美丽的生命分享力量，能和他人分享医治的力量将是一种荣耀和恩典，而且也很容易做到。

当你和朋友在一起时，你们可以花一点时间分享医治的力量，我们需要用简单、有意义的方式和别人分享力量，表现我们的关怀，虽然我们不能掌控一切，但是我们充满了爱和关怀，我们可以一起找到答案。

所有的疾病走向了终结，所有的危机走向了终结，感受医治的力量，让这种力量、这种智慧唤醒我们，我们应该得到医治、我们应该成为一体、我们应该爱自己，神圣的爱与我们同在，它让每一个生命都能得到自己想要的东西，一切就是这样！

感受你的力量

请感受你的力量，呼吸的力量、声音的力量、爱的力量、原谅的力量、愿意改变的力量，请感受你的力量，你美丽、神圣、高贵，你应该得到所有美好的事物，不是某些而是所有美好的事物，请宁静地感受你的力量，为了让你感到安全。用爱张开双臂迎接新的一天。一切就是这样！

你应该得到爱

在完美的时间和空间，你所需要的一切将会出现，我们每个人都有能力更加爱自己，我们每个人都应该得到爱，拥有美好的生活、健康、充满爱和富裕，那个童真的自我应该长大，拥有精彩的生活！

看到你被爱包围着，看到自己快乐、健康、成为一体，看到你拥有了自己希望的生活，你所希望的点点滴滴，记住，你应该得到这样的生活，让爱从你内心深处飘出，为你的身体增添医治的力量。

你的房间、你的家周围充满了爱，你完全陷入了巨大的爱的漩涡，感受爱在循环，爱流淌出去又回到你身上，最重要的医治力量是爱，让爱在你的身体里不断循环，清洗你的身体，你就是爱，一切就是这样！

你的亮光

请看到自己心灵的最深处，找到亮光的中心，它是那么光彩炫目、是爱和医治力量的中心，它闪闪发光、不断扩展，照亮了你的心脏，你看到，这个亮光把你从头到脚照亮，你全身充满了美丽的光芒，那是爱和力量的光芒，让你的身体感受到这种光芒，告诉自己：“我的呼吸、我的身体将越来越强壮！”

请感受这种光芒清洗了你所有的疾病，你恢复了健康，让这种光芒从你身上照射到四面八方，照射到身边的每一个人，照射到每一个需要它的人，把这种医治的光芒、力量和爱分享给所有需要它的人，那是多么美好！让这种光芒辐射到医院、疗养院、孤儿院、监狱、精神病院和其他充满绝望的地方，让这种光芒给人们带来希望与和平！

让这种光芒照射到充满痛苦的家庭，让这种爱的光芒和力量给需要它的人们带来幸福，让它照射到教堂，让人们的心灵变得温和，拥有无条件的爱，让你心灵深处的这种美丽的光芒照射到国会，带去真理和知识，让它照射到所有政府的首都，请选择地球上的某个地方，不管它远在天边，还是近在咫尺，让爱和医治的力量照射到那里，让一切都变得和谐、平衡。请每天花一点时间，把你的光芒、力量和爱献给这个角落，我们是人民、我们是孩子、我们是世界、我们是将来，我们释放出去的将会加倍回报回来，一切就是这样！

分享你的爱

你可能握住别人的手，就能感受到许多，我们每个人都有联系，我们有积极的、消极的，我们有恐惧和沮丧，我们连和别人说“你好”都会害怕，许多人都不相信能够照顾自己，我们孤独、觉得自己迷了路。

通过努力，我们已经觉察到了生命的改变，过去的许多问题已经不是问题，改变不会在昼夜之间出现，只要坚持，美好的事物就会出现。

因此，请和身边的人分享你的爱和力量，并知道，我们为别人付出的真心，将会得到回报，请敞开自己的心扉，让每个人都得到爱、得到帮助和关怀，让你的爱辐射路边的人，无家可归的人，愤怒、恐惧和痛苦的人，不论是拒绝它的人，还是正在离开或已经离开这个世界的人。

和每个人分享我们的爱，不论他是否接受，如果我们的爱遭到拒绝，我们也不会痛苦，用我们的心拥抱整个世界、动物、鱼、鸟、蔬菜和每一个人，包括让我们感到愤怒和沮丧的、不和我们在同一条路上的人、像魔鬼一样的人，让他们进入我们的心，让他们有安全感，当他们感到安全后，才能认识真实的自我。

看到和平传遍了世界，记住，你正在建设和平，请为你做的事感到高兴，你美丽，请让自己知道，你很棒，这是事实，一切就是这样！

灵魂就是我

只有我们自己才能拯救世界，当我们为了同一个目标而聚在一起，就能找到答案。请记住，有一个自我能够超越我们的身体、性格、疾病和过去，还有各种人际关系。我们的中心，是纯洁永恒的灵魂，将永远存在。

我们来到这个世界上是为了爱自己，为了彼此相爱，我们可以找到恢复治疗自己和世界的答案，我们正在经历美妙的时刻，所有的一切都在改变，我们可能不知道问题有多深刻，而我们已经尽力做到最好了，这些问题将成为过去，我们将会得到答案。

我们是灵、我们自由、我们的灵魂相连，没有什么能夺走这一切，我们的灵魂将成为一体，一切就是这样！

我们可以自由地成为自己

为了成为一体，我们要接受自己的一切，我们敞开自己的心灵，接受自己的一切，你引以为豪的、让你蒙羞的、你拒绝的和你所爱的，这一切都是你的，你很美丽，我们每个人都很美丽，当你的心充满了对自己的爱，那将会使你有足够的爱分享给别人。

让爱充满你心里的每一个角落，让爱辐射到你认识的每一个人，把他们放在你的心中，让他们接受洋溢在你心中的爱，看到每个人身上那个童真的自我在快乐地欢跳、叫喊、翻筋斗，充满了无比的喜悦，展现自己所有的美好。

让童真的你和其他孩子一起玩耍，让他跳舞，让他感到快乐和安全，让他做自己想做的人，你们完美、完整，你们合为一体，在你的世界里，一切都是美好的，一切就是这样！

敞开心扉

看到一扇医治的大门被打开，这种医治是过去我们所不知的，我们在挖掘蕴藏在自己身上巨大的潜力，我们正在联系自己身上能给我们答案、指引我们走向美好的智慧。

看到这扇大门已经敞开，我们走了进去，找到了各种各样的医治方法，不同的人需要不同的医治，有的人需要医治身体，有的人需要医治心灵和思想，我们敞开自己，接受我们所需要的医治，为了让自己成长，我们敞开自己，我们经过了这扇大门，并且知道，我们安全，那只是改变，一切就是这样！

迎接成功

请认识我们身上的积极品质，我们开放，能够接纳一切新思想、新观点，我们愿意接受从未有过的成功，我们应该得到最好的事物，我们愿意接受它，我们的收入不断增加，我们的思想从狭隘变为聪慧，我们爱自己、接纳自己并且知道，生活会赐给我们一切所需要的，我们从成功走向成功、从喜悦走向喜悦、从富裕走向富裕，我们和创造我们的力量是一体的，我们要展现自己的伟大，我们是高贵、神圣的体现，我们敞开自己接受一切美好的事物，一切就是这样！

爱自己的一切

请回到你5岁的时候，清楚地看到这一切，张开双臂去迎接那个5岁的孩子，对他说“我是将来的你，我来这里是为了爱你”，拥抱着他，把他带回现在，现在，你们两个站在镜子前，你们能够用爱对视。

你会发现，可能漏掉了一部分，请再次回到你刚出生的时候，你浑身潮湿，冷空气拂过你的身体，你一路艰辛，开始出现亮光，你还带着脐带，你很害怕，你准备好了开始在这个世界的生活，请爱这个孩子！

请回到你刚走路的时候，你站起来又倒下，然后又站起来，又倒下，你突然迈出了第一步，之后你开始向前迈步，你为自己感到自豪，请爱这个孩子！

请回到你第一天上学的时候，你不愿意和母亲分离，你很勇敢，你迈出了人生新的一步，你尽力做好一切，请爱这个孩子！

你10岁了，你还记得那时候的生活，那可能是美好的，也可能是充满恐惧的，为了生存，你在尽力做好一切，请爱这个孩子！

接下来是少年时代了，你已经长大，多令人激动啊！

也可能让人害怕，因为你要面对许多来自同辈的压力，你已经尽力了，请爱这个少年！

现在，你完成了学业，你的知识超过了父母，你已经准备好开始自己需要的生活，你勇敢，同时也有恐惧，请爱这个年轻人！

请回想你第一天上班，你第一次赚钱，你很自豪，你要做好所有的事情，有许多东西要学习，你已经做得最好了，请爱这个人！

想想你的其他生活，结婚、生子、你的新家，那可能是美好的，也可能是可怕的经历，而你可以处理这一切，你已经做得最好了，请爱这个你！

请把你身上的所有部分结合在一起，站在镜子前，用爱看着他们，各个时期的你向你走来，未来在向你招手：“我在这里，我爱你。”一切就是这样！

申　明

保留所有权利。未经出版商书面许可，禁止用书中的任何内容做封面、摄影、电子文本或有声书，禁止任何私人或公共机构擅自收录、转摘和做其他用途，只能在文章中以“正当”用途引用。

本书的作者并未提供作为医学目的的建议，在未经医生同意的情况下，不可直接或间接作为医学和身体治疗方面的治疗手段。作者的目的是提供一些自然的信息帮助你获得身体的健康，鉴此，你有权使用该书中的信息，但作者和出版商不对你的行为负责。

译者后记

原著中的附录二，也就是自助信息和建议阅读书籍在本译本中已作删节，在此，谨向读者说明。

这本充满智慧的书籍能够顺利出版，我要对我的同事杨南超先生、张芸女士、汪燕勇先生，还有我的好朋友陈姝亦女士、李金秋女士所给予的无私帮助表示最真诚的谢意！

两年来，我倾注了全部的热情翻译此书，并联系国外版权及在国内寻找出版社，希望该书的智慧能帮助你认识自我，追求美好，这是我最大的心愿，也是我翻译这本书的初衷。

愿我们的世界因为我们每个人的改变而变得美好与和谐，正如作者所说："无条件的爱是我们来到这个世界的目的，当我们学会了无条件地爱自己，就不会伤害自己和他人，没有了彼此的伤害，怎么还会有战争呢？"

谨将此书献给希望用爱来帮助自己、改变自我以及对心灵科学感兴趣的人们！